功能化氮化碳基纳米材料的结构调控及其传感应用

李 鹏 著

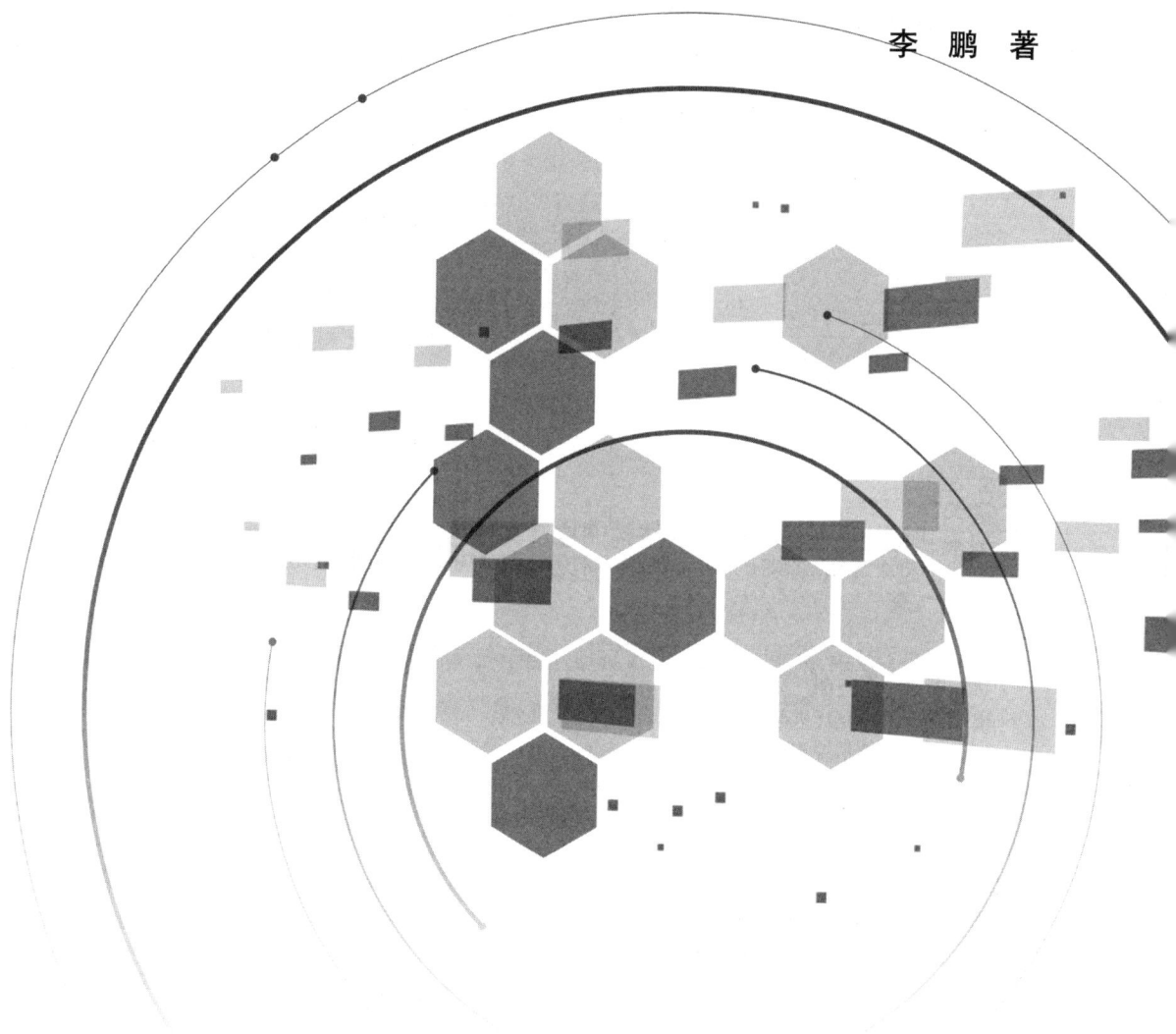

黑龙江大学出版社
HEILONGJIANG UNIVERSITY PRESS
哈尔滨

图书在版编目（CIP）数据

功能化氮化碳基纳米材料的结构调控及其传感应用 /
李鹏著 . -- 哈尔滨 : 黑龙江大学出版社，2024.4（2025.3重印）
ISBN 978-7-5686-1117-6

Ⅰ . ①功… Ⅱ . ①李… Ⅲ . ①氮化合物－纳米材料－
结构性能－研究 Ⅳ . ① TB383

中国国家版本馆 CIP 数据核字（2024）第 082878 号

功能化氮化碳基纳米材料的结构调控及其传感应用
GONGNENGHUA DANHUATANJI NAMI CAILIAO DE JIEGOU TIAOKONG JI QI CHUAN'GAN YINGYONG

李鹏　著

责任编辑　李　丽　梁露文
出版发行　黑龙江大学出版社
地　　址　哈尔滨市南岗区学府三道街 36 号
印　　刷　三河市金兆印刷装订有限公司
开　　本　720 毫米 ×1000 毫米　1/16
印　　张　13.5
字　　数　207 千
版　　次　2024 年 4 月第 1 版
印　　次　2025 年 3 月第 2 次印刷
书　　号　ISBN 978-7-5686-1117-6
定　　价　56.00 元

目　　录

第 一 章

绪 论

1.1 引言

　　大气污染、水污染与土壤污染等环境污染问题为公共卫生、生态环境和人类健康带来了巨大压力。解决各种环境污染问题刻不容缓。近年来，国内外研究学者利用各种方法分析检测生态环境中各种污染物的含量、研究污染物迁移转化过程与评估污染风险等级，为环境污染防控策略提供了不少理论和实验依据。

　　然而，如气相色谱法、液相色谱法、质谱法等环境污染物的传统检测方法，都存在采样检测工作时效性差和测试过程复杂等问题。与这些传统的检测技术相比，基于纳米材料的光物理/光化学特性所研制的新型传感检测技术具有灵敏度高、选择性好、成本低廉等优点。它的出现为生态环境中污染物的高效检测提供了更多选择，将在大气质量检测、水体环境监测和土壤安全检测等领域具有广阔的应用前景。尽管一些纳米材料已被报道可用于传感检测环境污染物，但仍存在传感属性单一、可调控能力弱、实际传感应用研究少和传感响应机制不清等问题。目前，对特定环境污染物具有高灵敏度和高选择性的传感检测技术缺乏设计指导，无法满足多功能化和智能化传感检测应用的发展需求。因此，发展在选择性、稳定性、可调控性和可应用性方面具有优势的功能化纳米材料以实现复杂生态环境中特定污染物的高效检测已经成为当前传感检测领域研究的热点问题。

1.2 氮化碳纳米材料的概述

早在 19 世纪 30 年代，Liebig 等人就首次人工合成了碳氮高分子聚合物，命名为"melon"。其后的几十年，这种人工合成的高聚物都没有引起更多科研人员的注意。在遭受长时间的冷落后，超硬材料的突破性进展将氮化碳材料再次带入了大众的视线。1989 年，Liu 等人在理论上预言氮化碳高聚物是一种超硬材料，将拓宽人工合成材料的应用范围。1996 年，Teter等人详细分析预测了五种不同晶型结构的氮化碳材料，其中包括具有类石墨片层结构的石墨相氮化碳（$g-C_3N_4$）。2006 年 Goettmann 等人通过实验验证了 $g-C_3N_4$ 作为半导体催化材料的应用可行性。2009 年，王心晨课题组进一步将 $g-C_3N_4$ 应用于光催化领域。$g-C_3N_4$ 是一种典型的二维非金属半导体碳氮聚合物。由于具有较易调控的分子结构、较为优异的光电性能和较为明晰的带隙发光行为，它在能源转换与存储、光催化、光传感、光检测等领域受到了广泛的关注。$g-C_3N_4$ 开启了氮化碳的研究热潮，在新型功能性纳米传感材料的设计方面具有非常重要的应用意义。本书以应用最为广泛的 $g-C_3N_4$ 为例，分析介绍其结构组成、制备方法和光电特性。

1.2.1 氮化碳纳米材料的结构

$g-C_3N_4$ 是以三嗪环或者七嗪环为基本结构单元聚合而成的一种富碳氮高分子材料，如图 1-1 所示。它具有类石墨相的二维片层结构和共轭结构，是氮化碳中最稳定的一种材料，可在碱性、酸性或者有机溶剂中稳定存在，热分解温度高达 600 ℃。其因具有电子能带结构优异、富电子、易于表面功能化修饰、理化稳定性高、生物相容性良好以及原料丰富等特点而备受传感检测领域的关注。

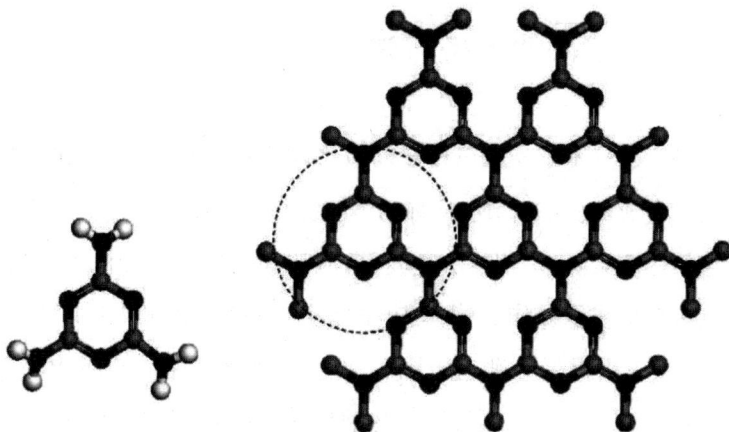

图 1 - 1 g - C_3N_4 的基本结构单元

g - C_3N_4 是一种典型的二维材料,其堆叠的二维片层结构是通过层内强共价键和层间弱范德瓦耳斯力相结合的,层间距仅为 0.326 nm。层内的碳原子和氮原子通过 sp^2 轨道杂化共轭排列形成三嗪环或者 3 - s - 三嗪环结构单元,单元环间通过叔胺连接,从而形成高度离域的共轭体系。在实际合成过程中,g - C_3N_4 结构中可能存在少量的氢元素,或者由于聚合方式不同而存在缺陷和空位。与此同时,离域大 π 键的独特结构,也使其在实际应用中更利于调控表面结构和丰富反应位点,从而实现特定功能化的目的。相对应的层间堆叠结构可通过打破范德瓦耳斯力实现分离,达到增加比表面积、缩短载流子传输路径、引入功能基团等目的,进而起到能带结构调控、载流子迁移和功能位点识别的作用。关于少层甚至单层的氮化碳纳米材料的研究工作,近年来取得了不小的突破。例如,Sung - Pyo Cho 团队便成功实现了原子级单层氮化碳纳米材料的制备,并利用高分辨率透射电子显微镜观察到了原子级单层氮化碳纳米材料的七嗪环结构。该单层氮化碳纳米材料优异的能带结构和电子传输特性为氮化碳纳米材料的结构优化、性能提升及应用拓展提供了更多发展空间。

1.2.2　$g-C_3N_4$ 的制备方法

自然界中至今未发现天然存在的氮化碳纳米材料,现存氮化碳纳米材料都是人工合成的。$g-C_3N_4$ 又称为体相氮化碳(bulk CN),其合成制备方法主要包括热缩聚法、溶剂热法、固相反应法和电化学沉积法等。其中,热缩聚法具有合成步骤操作简单、反应条件易于调控、制备成本低廉、产量高等优势,所以应用得最为普遍。图 1-2 为五种典型富氮前驱体(三聚氰胺、氰胺、双氰胺、尿素和硫脲)通过热缩聚法生成 $g-C_3N_4$ 的过程示意图。针对 $g-C_3N_4$ 的传感应用需求,合理选择前驱体的类型,并合理调控反应过程中温度、时间和气氛等参数,从而使 $g-C_3N_4$ 的分子组成、结构形貌、界面性质和能带结构等参数得到有效调控,进而实现提升其传感响应能力的目的。

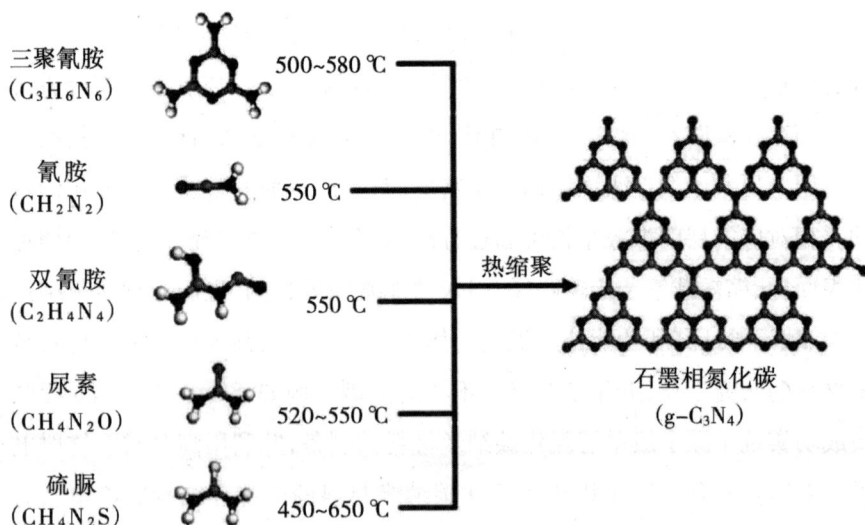

三聚氰胺
($C_3H_6N_6$)　　500~580 ℃

氰胺
(CH_2N_2)　　550 ℃

双氰胺
($C_2H_4N_4$)　　550 ℃　　热缩聚

尿素
(CH_4N_2O)　　520~550 ℃

硫脲
(CH_4N_2S)　　450~650 ℃

石墨相氮化碳
($g-C_3N_4$)

图 1-2　五种典型富氮前驱体通过热缩聚法合成 $g-C_3N_4$ 的过程示意图

首先,在前驱体类型的选择上,尿素和三聚氰胺常被优选为合适的热缩聚原料,因为它们可以提供丰富的碳元素、氮元素和氢元素。此外,也有选择含其他元素的前驱体的合成手段,以实现调控 $g-C_3N_4$ 结构和光电特性的目的。例如,利用三聚氰胺胍盐、双氰胺胍盐和有机硫化物等材料进行热缩聚反应。其次,调控热缩聚温度可以得到具有不同碳氮比的 $g-C_3N_4$,进而改变材料带隙结构;将三聚氰胺进行酸化预处理、硫介导或蔗糖介导等操作,可以得到更大比表面积的多孔结构、更强的可见光吸收能力以及光生电荷分离能力等。最后,改变反应气氛可有效提升 $g-C_3N_4$ 的产率;适当引入缺陷和空位,可以提供更多活性位点,促进光生电子分离与转移。因此,基于实际应用导向的传感检测技术可根据污染物检测的具体需求,通过选择合适的前驱体材料、设计合理的反应温度、优化必要的前处理过程以及通入不同的反应气氛,实现对 $g-C_3N_4$ 表面形貌和结构特性的有效设计和调控。考虑到前驱体的成本、毒性、产率和 $g-C_3N_4$ 的性质,本书后续章节中 $g-C_3N_4$ 的前驱体原材料大多选用三聚氰胺。

1.2.3　氮化碳纳米材料的光电性质

由于七嗪环的 $\pi \rightarrow \pi *$ 跃迁作用,$g-C_3N_4$ 具有带隙发光的特性。通常,它能够在紫外光激发下发射蓝色荧光,显示一个明显的荧光发射峰,峰位于 460 nm 左右,略小于吸收带边,如图 1-3 所示。这主要是由于光生电子通过内转换或振动弛豫迅速落入了第一激发单重态,光生电子和空穴重新复合后发出荧光信号。该荧光发光特性可被应用于荧光分析传感检测领域和生物成像领域。

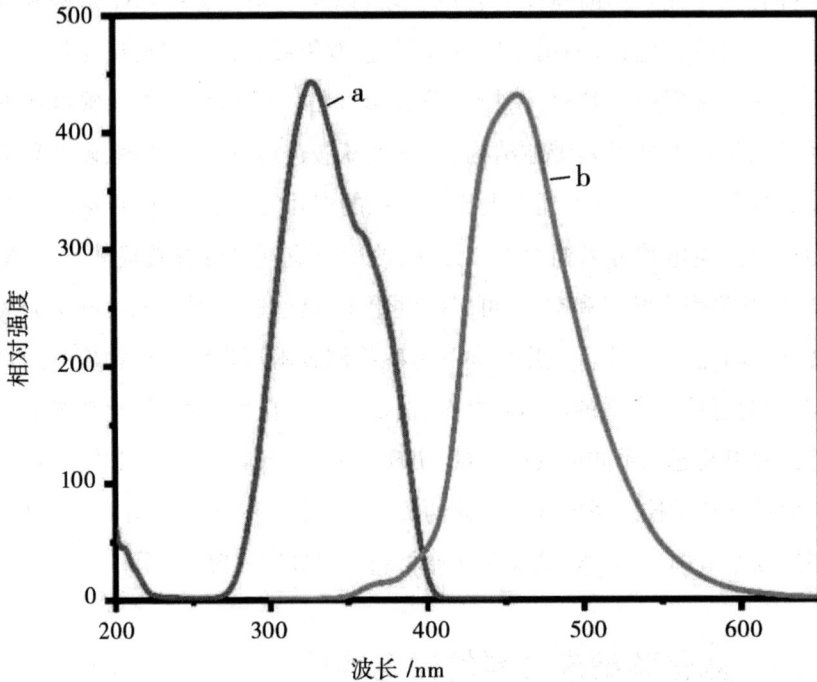

图 1 - 3　典型 g - C_3N_4 的荧光激发光谱(a)和荧光发射光谱(b)

需要注意的是,不同的合成方法会对 g - C_3N_4 的光致发光特性产生明显不同的影响,荧光发射峰也可能出现多个。此外,g - C_3N_4 的光致发光过程通常会产生斯托克斯位移,使荧光发射波长大于激发光波长。不过近年也有科研成果显示,在某些特定情况下,g - C_3N_4 也可具有上转换发光材料的特性。

除了光致发光特性以外,g - C_3N_4 还表现出了明显的电化学发光特性,可被广泛应用于电化学传感检测领域。g - C_3N_4 在光激发下能以长寿命还原态的形式储存光电子,呈现出独特的蓝色。这与经典的无机金属氧化物半导体材料的特性类似。亚稳态光电子可逆的充放电过程所带来的颜色变化,为探索 g - C_3N_4 的光电性质带来了新的启示。

与此同时,氮化碳基纳米材料也是 CO_2 还原产生 CO 和转化为甲烷的理想基材。利用热缩聚法合成的 g - C_3N_4 的带隙通常为 2.7 eV,具有合适的半导体带边位置。在受到可见光激发后,一般会发生光生电子和空穴的

8

产生、分离和迁移等一系列反应。合适的导带位置和价带位置以及光照条件下的以上反应正好满足光解水产 H_2、产 O_2 的热力学要求,多种调控改性的技术策略可被用于合成制备具有优异产 H_2 性能的氮化碳基纳米材料。此外,氮化碳基纳米材料产生的光生电子-空穴对会在材料表面发生氧吸附和羟基吸附反应,从而能够实现降解有机污染物的目的。更为重要的是,由于分离的光生电子-空穴对在上述过程中可以与特定待测气体发生吸附或其他物质发生反应,引起氮化碳基纳米材料以光生载流子运动为特征的电导率或电位变化,所以氮化碳基纳米材料还可以实现光电气敏检测。

1.3 氮化碳基纳米材料的传感检测应用

由于 $g-C_3N_4$ 具有优异的光电特性,因此本节将主要介绍氮化碳基纳米材料在荧光传感检测领域和光电气敏检测领域中的最新应用进展。

1.3.1 氮化碳基纳米材料在荧光传感检测中的应用

氮化碳基纳米材料的光致荧光变色响应性质在环境传感检测方面的应用研究多集中于发光强度变化的利用。图 1-4 为 $g-C_3N_4$ 的荧光猝灭机制,根据荧光强度猝灭的不同可分为荧光内滤效应(IFE)、分子间/内相互作用力、光致电荷转移(PET)和荧光共振能量转移(FRET)四类。根据荧光强度猝灭程度的不同,还可对待测物进行有效的定量分析。荧光强度变化对应的是相对单一颜色的色度变化,是传感应用中最简单、直观和常用的量化指示参数。

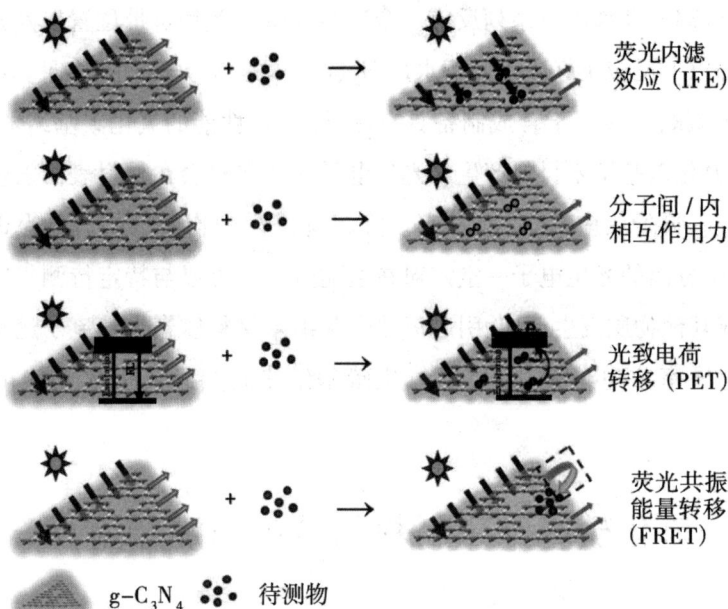

荧光内滤
效应(IFE)

分子间/内
相互作用力

光致电荷
转移(PET)

荧光共振
能量转移
(FRET)

g-C$_3$N$_4$ · 待测物

图 1-4 g-C$_3$N$_4$ 的荧光猝灭机制

当待测物的吸收光谱与 g-C$_3$N$_4$ 的激发光谱或者发射光谱有部分重叠时,便会对 g-C$_3$N$_4$ 的荧光光谱强度产生直接的影响,产生基于 IFE 机制的荧光猝灭。这种猝灭不涉及荧光寿命的变化,属于荧光静态猝灭。IFE 是最简单和使用最普遍的荧光检测机理。东南大学张袁建课题组利用多环芳烃(PAH)与 g-C$_3$N$_4$ 会产生基于 PET 机制的高效静态猝灭的原理,制备了纸基氮化碳荧光传感器,实现了对土壤中多环芳烃的快速响应和高灵敏度检测。Liu 等人同样基于 IFE 机制的荧光猝灭,通过静电物理吸附作用,利用 g-C$_3$N$_4$ 实现了水体环境中 Cr^{6+} 的高灵敏度检测。荧光强度静态猝灭的影响因素,除了上述提到的 IFE 以外,待测分析物也可能与氮化碳基纳米材料相互作用直接形成基态复合物(GC/MI),阻断材料光生电子和空穴的复合荧光发光。新生成的基态复合物不具有荧光发光特性。Yang 等人利用这一静态荧光猝灭机制,通过尿酸(UA)与 g-C$_3$N$_4$ 的相互作用,实现对微量尿酸的高效荧光检测。以上几种传感检测应用都利用了荧光静态猝灭原理,不会对荧光寿命产生影响。在测试表征中可通过分析荧光寿命是否发生变化来判定荧光猝灭的机理类型。

但更多情况下,具有合适的带隙结构的 $g-C_3N_4$,在光照激发下可产生电子-空穴对,根据 PET 机制可知电子与空穴复合之前可向待测物转移,与空穴复合的概率降低,从而导致荧光强度猝灭,这是动态荧光猝灭,会极大地降低荧光寿命。金属离子的氧化还原电位处于 $g-C_3N_4$ 的导带和价带之间,可以有效接受电子。因此,这种传感检测机制常被用于金属离子的检测。比如,Tian 等人基于 PET 的荧光猝灭机制,利用 $g-C_3N_4$ 对 Cu^{2+} 进行了有效检测。利用类似原理,研究人员利用 $g-C_3N_4$ 陆续开发了针对 Fe^{2+}/Fe^{3+}、Ag^+ 等离子的荧光检测方法。除了 PET 过程,$g-C_3N_4$ 与某些大分子物质会发生非辐射跃迁的能量交换过程,即 FRET。这也会导致荧光强度猝灭并对荧光寿命产生影响。Hatamie 等人正是基于该机制,利用 $g-C_3N_4$ 对甲硝唑进行了高效的荧光检测。

基于单一的荧光强度变化形式传感检测技术难以满足实际传感检测中高选择性、高灵敏度、可多目标物检测识别的需求。因此,提高 $g-C_3N_4$ 的荧光传感检测性能、提供多种荧光传感检测信号输出模式、优化设计调控 $g-C_3N_4$ 的荧光发光特性、有效提高材料的荧光响应度极为必要。比如,为了拓展 $g-C_3N_4$ 的荧光传感检测能力,利用其不受环境中阴离子影响的特性,研发一系列"开关型"的荧光传感方法。

Bogireddy 等人首先将 Ag^+ 加入 $g-C_3N_4$ 体系中,由于 PET 效应,$g-C_3N_4$ 的荧光强度大幅度猝灭,实现了荧光的"关";随后将 CN^- 加入 $g-C_3N_4/Ag^+$ 复合体系中,利用 Ag^+ 与 CN^- 的强配位作用阻断了 $g-C_3N_4$ 与 Ag 之间的 PET 效应,进而实现了荧光强度的恢复,即荧光的"开"。利用这种"开关型"荧光作用机制,S^{2-}、Cl^-、NO_2^- 等多种阴离子均可被氮化碳基纳米材料有效检测。

基于 $g-C_3N_4$ 单一荧光强度变化的检测模式,即通过绝对强度值的变化以实现待测物浓度测量的技术,目前仍存在准确性较差、易受外界干扰以及易受激光功率波动影响等缺点。这些缺点会给荧光传感检测带来不小的误差,甚至会干扰正常的传感检测。对此,比率型荧光检测可以较好地解决。它利用两个对待测物不同荧光响应度的荧光发射峰的强度比值作为待测物浓度变化的解调信号。比率型荧光检测法所具有的自校准特性可以有效消除外部环境介质变动、荧光损失、激发光波动等影响,满足实际检测的需求。典型的比率型荧光检测体系双荧光信号变化趋势如图1-5所示,两个荧光信号峰的强度一个呈现升高趋势,一个呈现降低趋势。

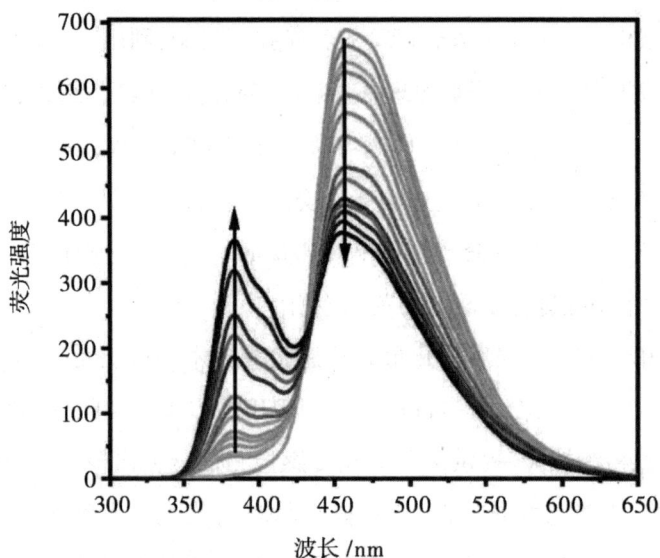

图1-5 典型比率型荧光检测体系双荧光信号变化趋势图

　　基于此策略,稀土类发光纳米材料、金属纳米粒子等多种荧光发光材料都被引入 g-C₃N₄ 体系,发展多种比率型 g-C₃N₄ 复合荧光传感体系。例如,Ti 等人利用 Eu³⁺ 和 g-C₃N₄ 的双荧光信号对四环素(TC)的比率型传感响应,实现了 TC 的高效检测,检测限低至 7.7 nmol/L。Xie 等人同时利用了金纳米颗粒(Au NP)的发光特性和对 g-C₃N₄ 荧光的猝灭影响,开发了一种有机磷农药的荧光比率型检测系统。基于以上几种荧光猝灭机制,国内外研究学者已经利用氮化碳基纳米材料实现了重金属离子、阴离子、有机污染物、气体分子和生物分子等多种物质的荧光传感检测。此外,氮化碳基纳米材料因其优异的光致发光特性和生物可兼容性,可以直接应用于定性荧光标记污染物和生物,为分析检测环境污染和生物医药等领域服务。

1.3.2 氮化碳基纳米材料在光电气敏检测中的应用

氮化碳基纳米材料在光电气敏检测中的应用原理,特别是对氧化性气体(例如 NO_2、O_2)的检测原理可以总结为:在合适的紫外光或可见光激发下,氮化碳基纳米材料产生光生电子-空穴对;在外加电场的作用下,形成稳定的光电流,使半导体的电阻处于平衡状态。图 1-6 所示为 NO_2 光电传感检测机制,向氮化碳基纳米材料体系通入氧化性气体时,氧化性气体会捕获光生电子,从而生成 O_2^-、NO_2^-,如式(1-1)、式(1-2)所示。与此同时生成的间接产物 O_2^- 也会与 NO_2 进一步作用生成 NO_3^-,如式(1-3)所示。光生电子被捕获以后会直接破坏半导体光电流的平衡状态,使电阻上升,进而产生对氧化性气体的气敏响应。当体系中停止通入待测氧化性气体但吹扫入空气时,光生空穴会进一步捕获电子,使氧化性气体脱附,进而使器件的电阻值恢复到初始平衡状态,达到脱附气体、重复测试使用的目的。

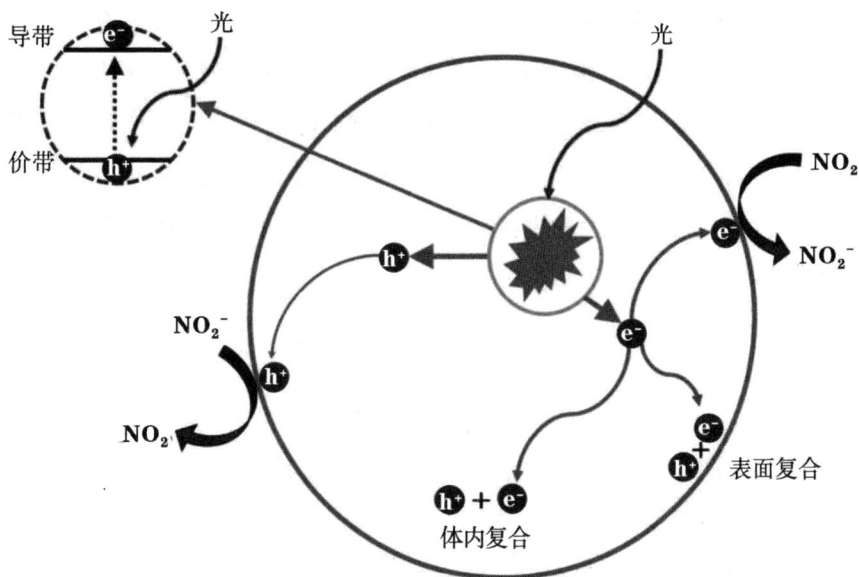

图 1-6 NO_2 光电传感检测机制示意图

$$O_2 + e^- = O_2^- \qquad\qquad (1-1)$$

$$NO_2 + e^- = NO_2^- \qquad\qquad (1-2)$$

$$2NO_2 + O_2^- + e^- = 2NO_3^- \qquad\qquad (1-3)$$

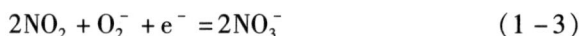

依据上述传感响应原理,多种氮化碳基纳米材料体系被设计应用于光电气敏检测。例如,Li 等人采用模板法可控合成了具有一维多孔结构的 $g-C_3N_4$ 纤维,并通过负载 Au NP 进一步提升氮化碳基纳米材料对 NO_2 的吸附作用,从而有效提升 $g-C_3N_4$ 的光电气敏响应能力,实现了检测限低至 60 μg/L 的 NO_2 有效检测。Chen 等人采用层层自组装的方法制备了 $g-C_3N_4$/石墨烯(rGO)纳米片,该纳米片既具有 $g-C_3N_4$ 的二维层状结构,又具有 rGO 优良的导电性能,可以有效促进电子转移,形成较强的光电流响应,从而实现在无光照条件下 NO_2 和 SO_2 的高效检测。Govind 等人采用热缩聚法合成了富碳的氮化碳基纳米材料,在 200 ℃时,对 50 μg/L 的 NO_2 的响应值可达 71.36%。Basivi 等人以三聚氰胺和硫脲作为原材料合成了高硫掺杂的氮化碳基纳米材料,在室温 365 nm 的紫外光照射下,对 NO_2 的有效检测灵敏度显著提高,它还具有较好的选择性、较快的响应速度和较短的恢复时间以及较长的稳定性。笔者所在的课题组采用金属有机框架材料(MOF)与 $g-C_3N_4$ 构建异质结,并通过碱刻蚀等工艺引入更多活性点位,实现了室温可见光照下对 NO_2 的高效检测。Ellis 等人利用 $g-C_3N_4$/rGO 复合体系实现在 300 ~ 100 000 μg/L 的超宽范围内高效检测 O_2。除了以 NO_2、O_2 为代表的氧化性气体之外,基于光电气敏传感原理,氮化碳基纳米材料还可以有效检测甲烷等还原性气体。

第 二 章

传感应用导向氮化碳基纳米材料的功能化
调控策略

2.1　引言

传统 $g-C_3N_4$ 通常存在比表面积小、表面选择性吸附位点少、光电特性调控能力弱等问题;实际环境中,污染物种类多、浓度低、形态结构复杂。因此,如何实现对特定待测物高效、准确、灵敏的传感响应是氮化碳基纳米材料传感应用亟待解决的关键问题。近年来,氮化碳基纳米材料在功能化光电性质调控方面的研究成果为解决这一问题带来了新的机遇,为制备新型传感检测器创造了更多的机会。以传感应用为导向的氮化碳基纳米材料的功能化结构调控策略主要包括以下三个方面:(1)形貌/结构调控;(2)元素/分子掺杂;(3)异质结构建。本章将围绕这三方面做具体的举例分析和论述。

2.2　形貌/结构调控

相较 $g-C_3N_4$ 的体相结构,具有低维纳米结构的功能化氮化碳纳米材料具有更大的比表面积、更多的表面吸附位点、更快的光生载流子迁移速率,在传感应用中更具有优势。针对氮化碳基纳米材料荧光传感检测应用的需求,对 $g-C_3N_4$ 进行形貌/结构调控以有效提高材料的荧光量子效率和调控荧光发射波长范围是极为必要的。近年来,国内外研究学者通过剥离法、模板法、无模板法和超分子预组装法等多种形貌/结构的调控手段,开展了大量针对 $g-C_3N_4$ 传感检测性能提升的工作,得到了多种具有不同形貌和表面结构的氮化碳基纳米材料。2010 年,Lee 等人首次利用三维介孔氮化碳纳米材料的荧光特性对重金属 Cu^{2+} 进行有效检测。2013 年,Zhang 等人首次利用不同极性的液相剥离剂成功制备了二维氮化碳纳米片。其中,采用水作为剥离剂获得的氮化碳纳米片厚度约为 2.5 nm,荧光量子效率可达 19.6%。该氮化碳纳米片优异的荧光量子效率和生物稳定性,开启了 $g-C_3N_4$ 荧光传感检测应用的大门。Liang 等人也采用纯水作为介质,结合水浴与杆式超声,得到了单层氮化碳纳米片,其荧光量子效率可达 32%。Zhou 等人通过对 $g-C_3N_4$ 进行化学刻蚀得到了直径约为 3 nm 的量子点,其荧光量子效率提高到 46%,荧光发射波长可通过改变前驱体的配比实现 450 ~ 526 nm 较宽范围的调控。Liu 等人通过层间缩合在 MgAl 层状双氢氧化物(MgAl - LDH)的二维限制区域内原位合成了厚度仅为 0.74 nm 但荧光量子效率高达 95.9% ±2.2% 的纳米片。

除了利用剥离法外,化学剪裁方法也可以实现纳米结构的调控和制备。例如,Zhou 等人在酸性水溶液中将 $g-C_3N_4$ 通过化学剪裁制成量子点,其荧光量子效率高达 46%。超分子自组装方法不需要经历从体相到纳米结构的转化,可以直接利用前驱体单体分子间的非共价键作用、溶剂控制以及反应条件调控自组装成超薄多孔结构的二维氮化碳纳米片。

基于形貌/结构调控的理念,通过调整富氮前驱体的种类、热缩聚反应参数、反应气氛等条件,采用超分子预组装法、剥离法等方法可实现对 $g-C_3N_4$ 形貌/结构的调控,进而有效提升其荧光发光性能。从更利于材料结构设计的角度出发,无模板法制备低维的纳米结构,如半导体量子点、纳米线、纳米带等,更具有优势。通过热氧化法对 $g-C_3N_4$ 进行高温煅烧刻蚀,能够获得薄层二维氮化碳纳米片,多次煅烧可以进一步实现超薄纳米片样品的获取。随后用浓硫酸或浓硝酸对样品进行酸刻蚀,也可以实现对二维氮化碳纳米片结构的进一步调控。由此,便实现了 $g-C_3N_4$ 从体相材料到二维超薄纳米片的可控制备。基于多种方法得到的氮化碳纳米结构,特别是二维超薄纳米片结构,不仅具有较高荧光量子效率,还由于边缘效应和量子效应,具有更大的比表面积,可提供更多的吸附活性位点,更利于与待测物发生作用。与此同时,在保持 $g-C_3N_4$ 原有的稳定性的基础上,超薄纳米片结构还利于在液相检测体系中均匀分散,也更适合各种器件化荧光探针的制备。

除此之外,$g-C_3N_4$ 光电气敏检测传感响应性能的关键影响因素还有光生电子–空穴对的分离与转移以及界面对气体分子的选择性吸附作用。通过对 $g-C_3N_4$ 材料的形貌/结构进行调控所获得的以二维超薄纳米片结构为代表的氮化碳纳米材料,能够获得更大的比表面积和更多的高度暴露活性位点,从而有效提升气体分子吸附能力;同时,还可以有效改善光生电子和空穴的快速分离,并增强光生载流子的传输能力,使光生载流子传输路径缩短,进而有效提升光电流响应性能。这些特点都非常利于光电气敏检测性能的提升。但是作为有机半导体纳米材料,氮化碳基纳米材料的表面缺陷较多,整体结晶性较差。这些缺点也制约了其在光电气敏检测领域的应用。通过共晶熔盐方法制备的高结晶氮化碳——聚庚嗪酰亚胺(PHI),具备良好的可见光响应、高结晶度和导电性,其结构如图 2-1 所示。由图可知,PHI 中每个庚嗪单元都与三种仲胺相连,其结构可提供高结晶度和承载过渡金属单原子的支架。PHI 还可以将光电子存储在长寿命状态。总体而言,PHI 能克服 $g-C_3N_4$ 缩聚不完全、面内有序度低、导电性差等问题。

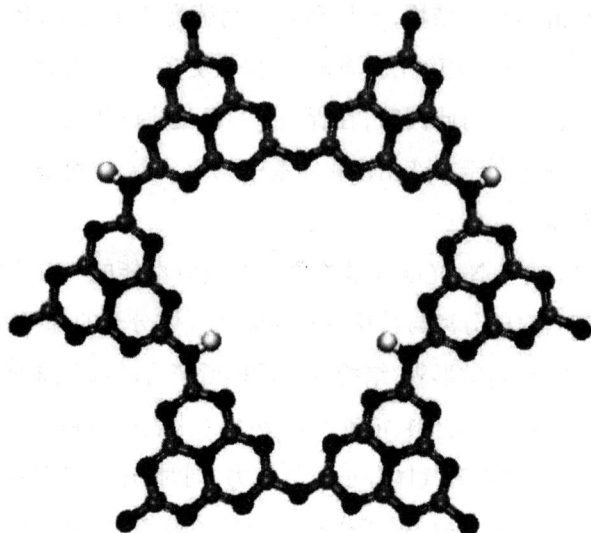

图 2 - 1　PHI 的基本结构

2.3　元素/分子掺杂

将其他的元素或者分子引入 g - C_3N_4 的框架结构中,可有效调控 g - C_3N_4 的带隙结构、光电性质以及界面吸附作用,起到改善传感检测性能的作用。根据掺杂材料的类型可将掺杂方式分为元素掺杂和分子掺杂。元素掺杂又可以细分为非金属元素掺杂和金属元素掺杂。非金属元素掺杂指的是将具有负电性的非金属元素(N、H、O、S、P 等)引入 g - C_3N_4 结构中。结合形貌/结构调控,利用元素/分子掺杂方法对 g - C_3N_4 进行调控以提高其荧光量子效率的策略,如图 2 - 2 所示。由图可知,该方法可有效提高结构的共轭程度、引入缺陷(抑制非辐射复合)和降低带隙能,从而提升氮化碳基纳米材料的荧光量子效率。例如,Lin 等以金属有机框架材料 MAF - 7 作为发光助推器,合成了一种具有高荧光发射能力的氧掺杂氮化碳复合材料(OCNP@ M7)。实验研究和密度泛函理论计算表明,MAF - 7 的给电子效应显著提高了 OCNP@ M7 的 π 结构的电子密度,而 MAF - 7 的刚性结构则有效抑制了 g - C_3N_4 的自发聚集和非辐射能量耗散。因此,OCNP@ M7 在紫外光照射下表现出强烈而稳定的蓝光发射,绝对荧光量子效率高达95.2%。虽然具有较高的荧光量子效率的氮化碳基纳米材料能够为荧光传感检测提供较强的响应光谱信号，但发光波长单一的缺点仍使其无法满足实际传感检测中选择性比色响应和多目标物检测的需求。因此需要选择合适的非金属元素（如 O、S、P 等）掺杂到 $g-C_3N_4$ 框架结构中，合成荧光发射波长可调的氮化碳基纳米材料，为设计荧光传感体系提供更丰富的发光信号，进一步拓展其传感检测能力。

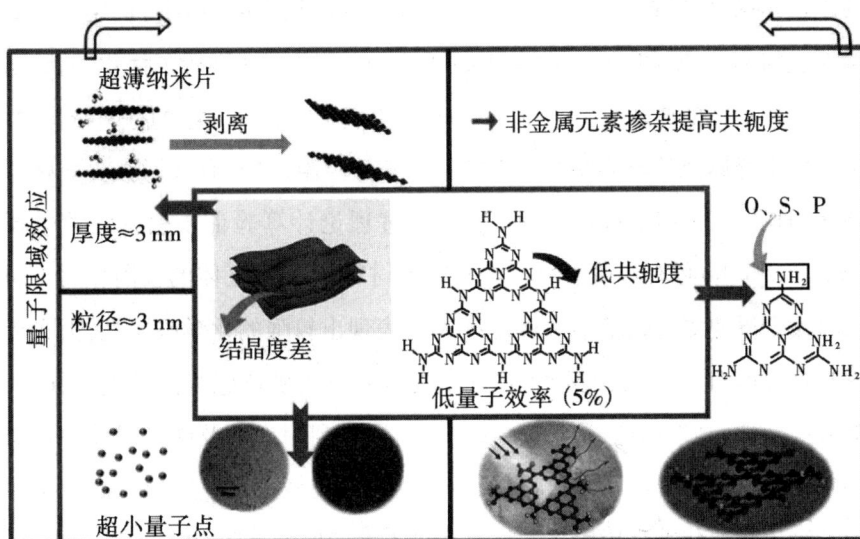

图 2-2 提高 $g-C_3N_4$ 荧光量子效率的策略示意图

比如，通过控制非金属元素（如 P、S）掺杂量可有效调控 $g-C_3N_4$ 能带的变化，获得具有整个可见光范围内的荧光发射波长的氮化碳基纳米材料。利用超分子预聚合的方式将芳香分子引入 $g-C_3N_4$ 的共轭骨架中，也可以显著调控荧光发射波长。Tang 等人通过超分子预聚合方法，将三聚氰酸与 2,4,6-三氨基嘧啶和三聚氰胺结合，制备了 $g-C_3N_4$，其能带结构发生了较大的变化，导致荧光发射光谱范围变宽，荧光发射波长从相对较窄的蓝光变为宽谱的白光。Zhang 等人利用 2,4-二氨基-6-苯基-1,3,5-三嗪和三聚硫氰酸超分子预聚合制备得到的 $g-C_3N_4$ 具有荧光发射波长多色可调控和量子效率高等特性，在荧光传感检测和生物成像等领域应用潜力较大。

在传感应用导向的氮化碳基纳米材料开发应用中,除了材料本身的光电特性对检测性能影响较大外,材料界面与待测物之间的相互作用也是关键的影响因素。为了提升传感检测的灵敏度和选择性,针对氮化碳基纳米材料的功能化以及特定待测物的高效选择性吸附是重要策略。这时,合理的元素/分子掺杂能够实现材料功能化改性的目的。比如,利用金属离子的配位作用,可以将金属元素与 $g-C_3N_4$ 空腔结构中的 N 配位固定。王心晨课题组利用 Zn 和 Fe 的掺杂对 $g-C_3N_4$ 的光电特性进行了优化,后续研究人员用类似的原理将 Ni、Cu、Co、Mn 等也引入了 $g-C_3N_4$ 的框架结构中。引入特定金属能够与某些有机物发生化学强吸附反应,有效增强界面选择性吸附作用。此外,Basharnavaz 等人通过理论计算验证了引入过渡金属(如 Co、Rh、Ir)可有效改善氮化碳基纳米材料对 NO_2 气体的吸附作用。引入过渡金属使氮化碳基纳米材料对 NO_2 表现出较强的化学吸附性,大大促进材料界面与 NO_2 的相互作用,进而提升光电气敏传感检测性能。同时,具有高活性、高选择性、稳定配位结构、高原子利用率以及纳米尺寸等优势的单原子材料,为设计针对特定目标分析物高灵敏度、高选择性、高稳定性及高精度的氮化碳基传感检测材料提供了新的研究方向。

2.4 异质结构建

$g-C_3N_4$ 在光照条件下存在光生电荷分离差的问题,这会导致光生载流子浓度较低,限制其在光电气敏传感检测方面的应用,特别是在室温条件下。通过选择维度匹配、能带位置合理的半导体材料与其构建异质结复合结构,能有效解决这一问题,提高 $g-C_3N_4$ 光电响应性能,实现高效检测多种气体。$g-C_3N_4$ 与其他半导体之间存在着不同的能带结构,两者复合后会在界面处产生能带弯曲,形成内建电场,为光生电子-空穴对的分离和转移提供不同的传输路径。根据半导体间导带和价带位置的不同关系,异质结可以分为Ⅰ型、Ⅱ型、Ⅲ型和 Z 型四种。其中,Ⅱ型异质结应用最为广泛,可有效促进光生电荷分离。典型Ⅱ型异质结和Z型异质结的光生电荷转移路径分别如图2-3与图2-4所示。

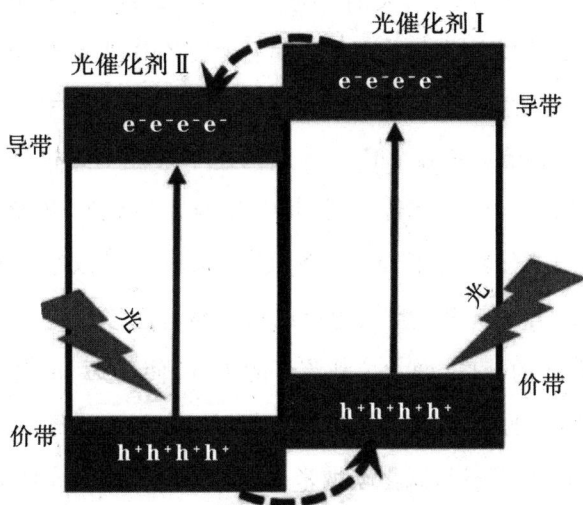

图2-3　Ⅱ型异质结光生电荷转移路径

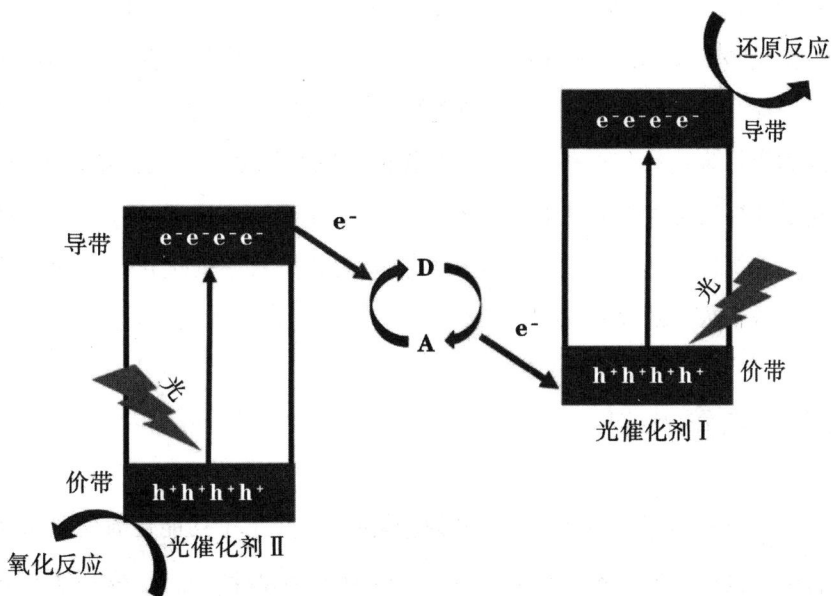

图2-4　Z型异质结光生电荷转移路径

Wang 等人构建了 ZnO/g-C$_3$N$_4$ 异质结,在 460 nm 波长的可见光激发下,g-C$_3$N$_4$ 的光生电子向 ZnO 转移,有效促进了光生电子-空穴对的分离,延长了光生电荷的寿命,大幅度提升了 ZnO/g-C$_3$N$_4$ 异质结对 NO$_2$ 的检测性能。Tian 等人则在氮化碳纳米片上生长 ZnO 纳米棒,利用两者之间的协同效应促进光生电荷分离,进一步提升了复合材料体系对 NO$_2$ 的检测灵敏度、选择性和响应速度。Han 等人构建了柔性全无机钇稳定氧化锆(YSZ)/In$_2$O$_3$/g-C$_3$N$_4$ 气体传感器,其中 In$_2$O$_3$/g-C$_3$N$_4$ 传感层是 II 型异质结构,在光照激发状态下,g-C$_3$N$_4$ 的光生电子可以很容易地迁移至 In$_2$O$_3$ 上,而 In$_2$O$_3$ 上的激发空穴也可以很容易地迁移到 g-C$_3$N$_4$ 上,有效促进了光生电荷的分离,增大了载流子的浓度,使 YSZ/In$_2$O$_3$/g-C$_3$N$_4$ 气体传感器对 NO$_2$ 的最低检出限(LOD)可达 50.00 μg/L。Liu 等人利用 MOF 衍生的 In$_2$O$_3$ 管材与氮化碳纳米片复合,同样利用 In$_2$O$_3$ 与氮化碳纳米片两者之间的异质结构有效增强其对氮氧化物的检测性能,LOD 得到了进一步优化,可低至 2.99 μg/L。Yang 等人构建了 SnO$_2$/g-C$_3$N$_4$ II 型异质结复合体系,同时采用 rGO 对异质结界面进行有效调控。在 405 nm 单波长可见光的激发下,材料的电荷分离性能、对氮氧化物的检测能力都得到了大幅提升。Ji 等人控制合成二维超薄金属 NiMOF 纳米片,并设计其与氮化碳纳米片构建具有紧密结合异质结界面关系和维度匹配的异质结体系,优化后的异质结对 NO$_2$ 的检出限达到了 1.00 μg/L,实现了 NO$_2$ 的高灵敏度和高选择性检测。这主要得益于材料电荷分离效率的优化与材料体系光生载流子浓度的提升。

2.5　本章小结

本章以 g-C$_3$N$_4$ 传感性能提升为研究导向,介绍了功能化氮化碳基纳米材料结构调控的三种主要技术方法(形貌/结构调控、元素/分子掺杂和异质结构建)的原理和相应的现阶段应用实例。首先,二维纳米材料的尺寸效应和优异的光催化活性,为氮化碳基纳米材料结构的设计提供了思路,即设计具有大比表面积和独特片层结构的二维纳米片结构从而显著增加氮化碳基纳米材料的比表面积、吸附位点以及缩短光生电子传输路径。其次,具有高原子利用率和独特电子结构的单原子形态的金属材料,能显著提升氮化碳基纳米材料界面的选择性吸附能力和光生载流子传输速率。最后,选择能带结构匹配的其他二维半导体材料构建异质结,也是促进氮化碳基纳米材料电荷分离的有效途径。

第 三 章

二维氮化碳纳米片的设计合成及其荧光传感应用

3.1　引言

　　作为一种典型的二维非金属半导体聚合物材料，$g-C_3N_4$ 已在能源转换与存储、光催化和传感检测等领域引起了广泛的关注。当前对 $g-C_3N_4$ 的研究主要集中在改善其光催化或光电转换性能等方面，然而，其荧光发光等性能在传感和成像领域的应用研究仍有很大进步空间。例如，需要加大研究力度，以克服 $g-C_3N_4$ 荧光量子效率较低、荧光发射峰较宽、发射波长固定、选择性识别能力弱等缺点，从而实现特定待测物高效、准确、灵敏的荧光传感响应。另外，基于光信号响应的 $g-C_3N_4$ 传感体系通常由溶液或粉末构成，由于较强的层间氢键影响和范德瓦耳斯力作用，$g-C_3N_4$ 很难溶解或长期稳定分散在溶液体系中。即使良好剥离的二维氮化碳纳米片也只能在浓度适中的溶剂中稳定一段时间，而且传感原理单一。虽然该传感体系可提供有效敏感检测，但大多存在循环和存储稳定性差、检测操作复杂、无法现场检测等问题。这些缺陷同样制约了 $g-C_3N_4$ 荧光传感的器件化应用，值得进一步研究与探讨。

　　得益于超薄的层状结构，二维氮化碳纳米片具有较大的比表面积、丰富的表面活性位点和较短的电荷扩散路径以及优良的传质能力，更有利于在传感检测过程中发生与被测目标物表面吸附、电荷表面迁移和活性位点修饰等反应,因此更适合应用于传感检测领域。通过有效的合成手段,实现二维超薄氮化碳基纳米片的可控制备,能有效提升其荧光量子效率,增强与待测物的表面吸附,进而实现高效荧光传感响应。将聚合物功能软材料与 $g-C_3N_4$ 相结合,除了可以保留,甚至提升 $g-C_3N_4$ 优异的光学性能之外,还可以充分发挥功能软材料基质的灵活性和适应性,实现特定功能和传感应用,在可逆性、器件微型化、信号接收传输性、便携性、易操作和可设计性等方面具有显著优势。

2,4,6 - 三硝基苯酚(TNP)属于酚类硝基芳香化合物,是一类典型的有毒、易爆且致癌的污染物。环境中微量 TNP 的存在都将对生态环境和人体健康造成严重影响。因此,发展一种高效痕量 TNP 传感检测技术对于促进环境保护和环境治理有着重要意义。基于功能化荧光纳米材料的荧光检测技术是最具潜力的实现水体环境中 TNP 痕量、快速、超灵敏检测的传感检测方法之一。$g-C_3N_4$ 的激发光谱范围通常为 300 ~ 380 nm,而 TNP 的紫外可见吸收光谱范围为 250 ~ 450 nm,两者光谱有很大的重叠部分。因此,$g-C_3N_4$ 的荧光在很大程度上会受到 TNP 的 PET 作用影响,产生猝灭,即理论上可利用 $g-C_3N_4$ 的荧光信号猝灭程度检测环境中的 TNP 的浓度。

然而,传统热缩聚制备的 $g-C_3N_4$ 通常存在比表面积较小、表面吸附位点较少、荧光量子效率较低等问题。这些问题会影响检测灵敏度。为此,本章以 TNP 作为待测分析物,拟从形貌/结构调控的角度出发,设计合成具有大比表面积和高均匀分散性的二维超薄氮化碳纳米片,并对其二维结构传感界面优势、荧光传感检测性能提升及荧光猝灭机制进行深入研究。针对现有实验室常规荧光检测方法无法实现环境中污染物的直接检测和检测时间长等难题,本章还研究了功能化氮化碳悬浊液探针、功能化氮化碳薄膜探针和功能化氮化碳水凝胶光纤探针在实际荧光传感检测中的应用。结合光纤传输技术,构建多用途、高性能的荧光全光纤传输传感体系,这对于完善多功能荧光探针的设计、开发特定功能的荧光传感体系以及推动荧光传感应用具有重要的价值。

3.2 二维氮化碳纳米片的设计合成

3.2.1 二维氮化碳纳米片的合成方法

（1）实验试剂和仪器

本章中二维超薄氮化碳纳米片制备所需要的原材料、荧光检测 TNP 性能测试所需要的试剂等均未进行二次处理，将其列于表 3 − 1 中。使用的水溶剂为自制二次蒸馏水。

表 3 − 1　实验试剂

试剂名称	分子式	纯度
三聚氰胺	$C_3H_6N_6$	A. R.
三聚氰酸	$C_3H_3N_3O_3$	A. R.
2,4 − 二硝基甲苯	$C_7H_6N_2O_4$	A. R.
2,4,6 − 三硝基甲苯	$C_7H_5N_3O_6$	A. R.
2 − 氯苯酚	C_6H_5ClO	A. R.
4 − 硝基苯酚	$C_6H_5NO_3$	G. R.
2,4 − 二硝基苯酚	$C_6H_4N_2O_5$	A. R.
硝基苯	$C_6H_5NO_2$	A. R.
4 − 硝基甲苯	$C_7H_7NO_2$	A. R.
甲苯	C_7H_8	A. R.
硝酸	HNO_3	A. R.
乙醇	C_2H_6O	A. R.

注：A. R. 为分析纯；G. R. 为优级纯。

实验中材料制备、结构表征、光学性能测试和检测机制分析等过程涉及的主要仪器设备列于表3-2中。

表3-2　实验仪器

仪器与设备名称	型号
高温箱式电阻炉	SR2-4-10
恒温加热磁力搅拌器	DF101S
高速离心机	H1850
X射线衍射仪	Bruker D8 Advance
傅里叶变换红外光谱仪	iS50 FT-IR
紫外-可见分光光度计	UV-2700
扫描电子显微镜	S-4800
透射电子显微镜	JEM-2010
高性能多通道全自动比表面积与孔隙度分析仪	TriStar II 3020
稳态/瞬态光谱仪	自行搭建
荧光分光光度计	LS55
高效液相色谱仪	安捷伦1200
时间分辨荧光光谱仪	自行搭建
马弗炉	SX2-4-10
电子天平	AR1140/C

（2）合成方法

首先,采用超分子预组装方法合成二维超薄多孔氮化碳纳米片（H – CN）,具体流程可参见图 3 – 1。首先,将三聚氰胺(10 g)加入烧杯中,并倒入适量去离子水,恒温(80 ℃)均匀搅拌至完全溶解。采用相同的方法将三聚氰酸(4 g)均匀分散并溶解制备成溶液。其次,将已溶解的三聚氰酸溶液倒入三聚氰胺溶液中,恒温(80 ℃)均匀搅拌 3 h。之后,将混合液冷却至室温后进行离心,再用蒸馏水和乙醇分别洗涤,然后放入烘箱(60 ℃)干燥,得到白色颗粒状样品。接着,将该样品研磨成粉末状,倒入封闭的瓷舟中,并置于管式炉中心位置,保持石英管中 N_2 充盈的保护状态,控制温度为 520 ℃,煅烧 4 h,设置升温速率为 1 ℃/min。加热完成后,待样品冷却至室温,将得到的样品记为 CN。随后,再次将 CN 置于管式炉中,在石英管中通入空气,控制温度为 500 ℃,二次煅烧 2 h,设置升温速率为 5 ℃/min。待样品再次冷却至室温时,得到二次煅烧样品。将二次煅烧样品取出后,加入硝酸溶液中,恒温(120 ℃)加热并回流搅拌 2 h。之后,再次冷却至室温后进行离心,用蒸馏水和乙醇分别洗涤,最后放入烘箱(60 ℃)干燥。最终得到二维超薄多孔氮化碳纳米片样品记为 H – CN。

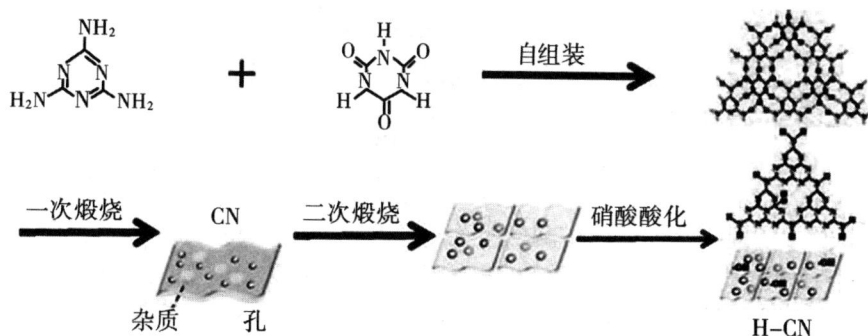

图 3 – 1　H – CN 的合成过程

3.2.2　H – CN 的结构特点

（1）测试与表征手段

利用透射电子显微镜(TEM)表征 H – CN 的表面形貌和结构,直接观察其表面微观结构。利用 X 射线衍射仪(XRD)分析合成样品的晶相组成和结构。利用傅里叶变换红外光谱(FT - IR)表征材料分子内部的官能团信息。

(2)传感检测性能与机制分析

H - CN 的稳态荧光光谱变化采用荧光分光光度计进行测量。荧光分光光度计是测量稳态荧光的主要实验装置,主要由光源、激发单色器、样品池、发射单色器和检测器等组成,主要结构如图 3 - 2 所示。因为荧光样品的荧光强度与激发光的强度成正比,所以理想的激发光源需要具备足够的强度,并在所需光谱范围内有连续的光谱和稳定的光强。激发光源通常采用氙灯和激光器。样品可以是液体,也可以是固体。对于固体样品,通常将其固定在样品夹的表面进行测试。

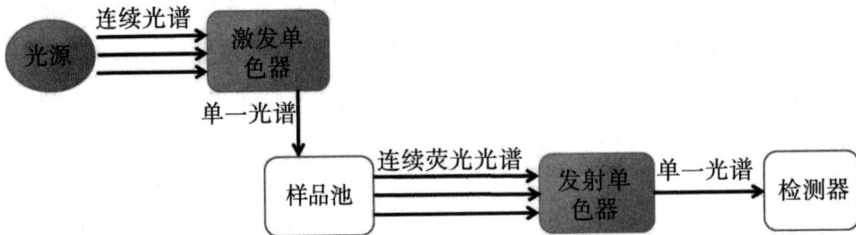

图 3 - 2　荧光分光光度计主要结构示意图

利用 H - CN 液相体系测试 TNP 浓度变化的荧光传感检测性能测试过程如下:首先将制备好的 H - CN 和适量二次蒸馏水,通过超声振荡和抽滤配制成分散均匀稳定的悬浊液液相体系,并利用硝酸和氢氧化钠调节液相体系至适当的 pH 值。同时,配制一系列不同浓度的 TNP 溶液待用。将配制好的 9 mL H - CN 悬浊液与不同浓度的 1 mL TNP 溶液均匀共混后倒入比色皿中,放置在荧光分光光度计液相样品池中,对荧光分光光度计测试参数(激发光入射狭缝宽度、出射狭缝宽度、光谱测试范围、扫描时间和次数等)进行设置,得到不同 TNP 浓度下的 H - CN 荧光光谱变化。为了分析 H - CN 对 TNP 荧光检测的选择能力,选用多种与 TNP 结构类似但成分不同的污染物,按照相同的测试方法检测它们对 H - CN 荧光光谱的影响,并获取抗干扰实验数据。

　　进一步深入分析 H－CN 对 TNP 的荧光检测机制,首先通过吸附动力学和吸附等温曲线实验分析 H－CN 与 TNP 之间的相互吸附作用。具体的实验步骤如下:取 0.002 3 g 的 H－CN 样品分别加入九组 5 mL 浓度均为 0.20 mg/L 的 TNP 溶液中,然后将它们放置到恒温振荡器上,分别设置九组不同振荡时间(2 min、3 min、5 min、10 min、15 min、20 min、45 min、60 min、90 min),振荡均匀后取上清液离心、过滤、干燥待用。接下来,改变实验条件,将 0.002 3 g 的 H－CN 分别加入九组 5 mL 不同浓度(0.01 mg/L、0.02 mg/L、0.10 mg/L、0.20 mg/L、1.00 mg/L、2.00 mg/L、5.00 mg/L、7.00 mg/L、10.00 mg/L)的 TNP 溶液中,同样放置到恒温振荡器上,并设置相同振荡时间 30 min,振荡均匀后取上清液离心、过滤、干燥待用。为减少误差,上述实验每组样品均重复三次。

　　在分析 H－CN 对 TNP 的荧光检测机制时,通常通过瞬态荧光光谱判断荧光猝灭的过程属于动态猝灭还是静态猝灭。氮化碳基纳米荧光材料与待分析物相互作用后造成的荧光强度降低,即荧光猝灭过程,都可采用此方法判断。例如,常见的 IFE 属于静态猝灭,而 PET 则属于动态猝灭。实际机制探究实验中采用的瞬态荧光光谱仪是课题组自行搭建的系统,如图 3－3 所示。由图可知,光源发出的脉冲光经二向色分光镜分为两束:一束光作为开始信号触发单光子计数器,电子板卡开始计时;另一束光先经过样品,发出的荧光信号经过单色仪和光电倍增管后,到达单光子计数器,作为停止信号,电子板卡终止计时。经过几十万次重复测量后,不同时间通道累积下来的光子数不同,以光子数对时间作图,即可得到荧光衰减曲线。

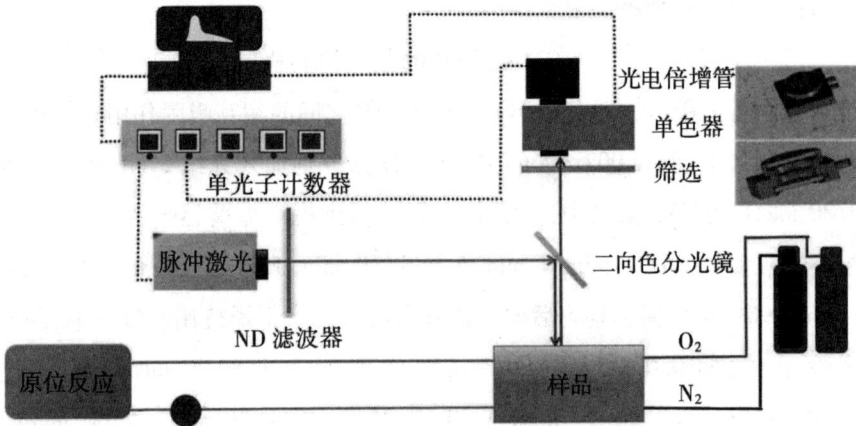

图 3-3　瞬态荧光光谱测试系统示意图

采集的信号经过拟合处理后得到参数 A_1、A_2、A_3 和 τ_1、τ_2、τ_3，荧光平均寿命(τ)采用式(3-1)进行计算：

$$\tau = \frac{A_1\tau_1^2 + A_2\tau_2^2 + A_3\tau_3^2}{A_1\tau_1 + A_2\tau_2 + A_3\tau_3} \qquad (3-1)$$

式中，A_1、A_2、A_3——不同时间组分的权重因子；

　　　　τ_1、τ_2、τ_3——不同时间组分的时间衰减常数。

(3)H-CN 形貌结构表征

CN 是通过热缩聚法，以三聚氰酸和三聚氰胺为前驱体合成的；H-CN 是将 CN 进行二次高温煅烧处理和酸化处理后获得的。图 3-4 为二次高温煅烧前后的 CN 与 H-CN 的 TEM 形貌特征。

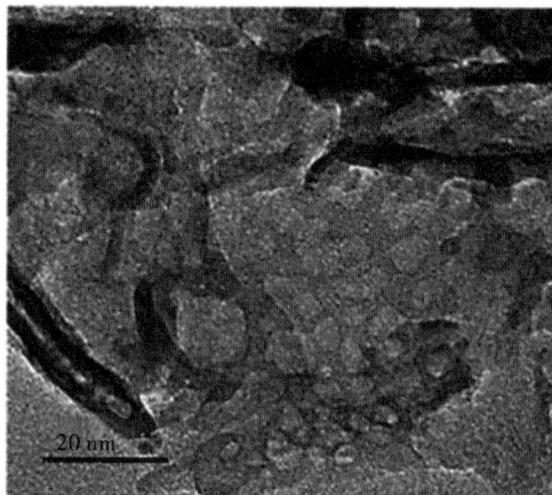

(a)

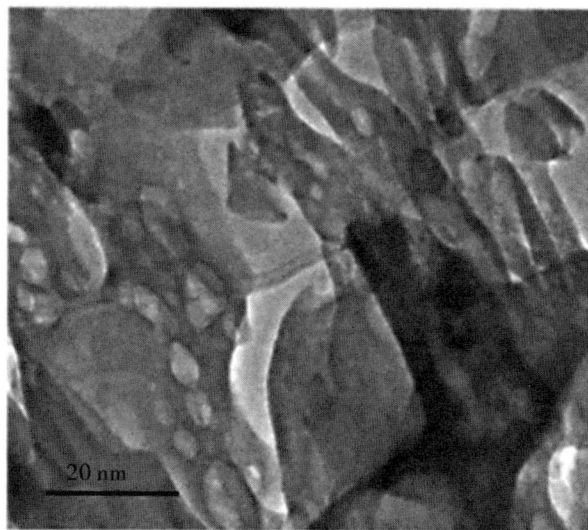

（b）

图3-4 样品的 TEM 图

H-CN(a)；CN(b)

    由图可知,两个样品都呈现为表面有孔分布的二维纳米片层结构,经过二次高温煅烧的 H-CN 具有更薄的二维片层结构,表面孔分布的数量更多,比表面积也更大,更利于传感检测时与待测物发生相互吸附作用。这是由于二次高温煅烧可以将 CN 表面的未定型部分进一步分解,样品在分解汽化的过程中会形成更多的孔结构;而酸化过程则能有效去除表面杂质。无论是二次高温煅烧处理还是酸化过程都达到了进一步蚀刻的目的,可将 g - C_3N_4 进一步剥离成更薄的纳米片结构。

通过 XRD 和傅里叶变换红外光谱分析两个样品的结构变化,测试结果与 TEM 形貌表征结果一致。图 3 - 5 为 CN 和 H - CN 的 XRD 谱图。图中位于 12.4°和 27.6°的两个特征峰证明合成的样品均为典型的 g - C_3N_4 的层状结构。H - CN 在 27.6°位置的衍射峰对应于 g - C_3N_4 层间堆积的芳香结构的特征峰,它的强度相较于 CN 发生了明显下降,说明层状结构的层间堆叠减弱,形成了更薄的纳米片层结构。图 3 - 6 为 CN 与 H - CN 的傅里叶变换红外光谱。从中可以观察到,经二次高温煅烧的 H - CN 的羟基振动峰强度显著增加,说明经过二次高温煅烧处理和酸化处理后,材料表面引入了更多的羟基基团,这些基团更有利于后续加强对检测物的吸附作用。

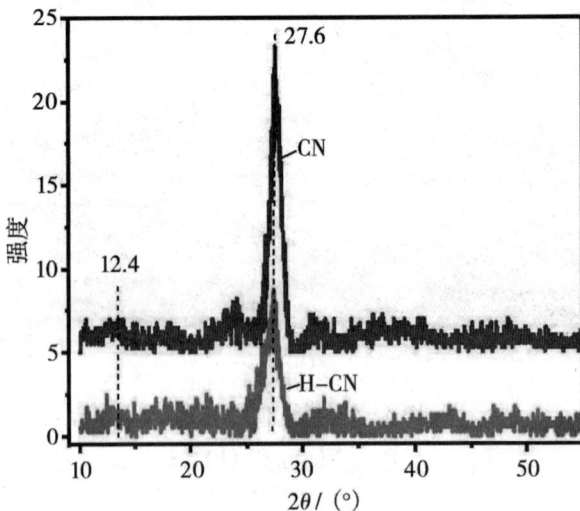

图 3 - 5 CN 和 H - CN 的 XRD 谱图

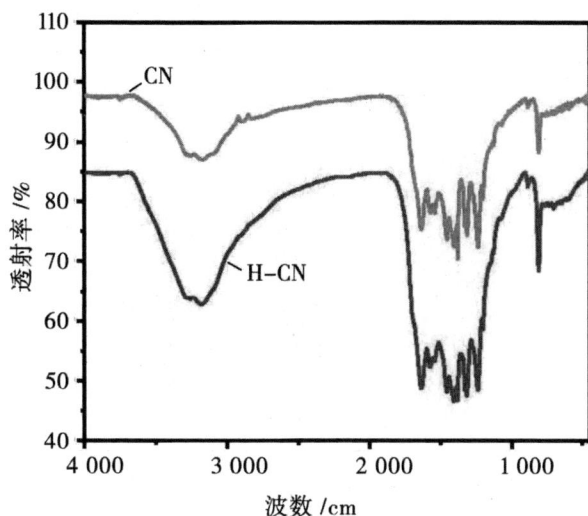

图 3 - 6　CN 和 H - CN 的傅里叶变换红外光谱

3.3　二维氮化碳纳米片用于 TNP 荧光传感检测

3.3.1　荧光传感检测性能研究

在利用 H - CN 对 TNP 进行荧光检测之前,先对检测条件进行优化筛选。在水体环境检测中,环境的酸碱程度,即 pH 值会对样品的荧光强度产生影响。同时,不同的激发波长也会对荧光强度产生影响。为了获取最优的检测性能,以 CN 为例,测试分析它在不同激发波长和不同 pH 值时的荧光强度,得到如图 3 - 7 所示的不同 pH 环境下 CN 的荧光强度变化对比柱状图和如图 3 - 8 所示的两种因素共同作用下,即在不同激发波长和不同 pH 环境组合条件下 CN 的荧光强度变化率。从图中可以明显看出,在 pH = 3 和激发波长为 350 nm 的测试条件下,荧光强度变化率最大。因此,本书后续的荧光传感检测性能实验都采用该测试条件。

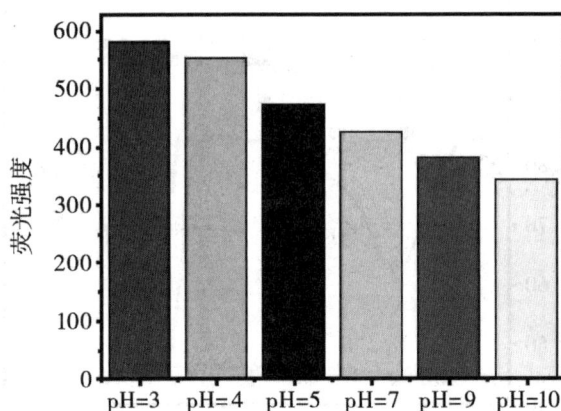

图 3 - 7　不同 pH 环境下 CN 的荧光强度变化对比柱状图

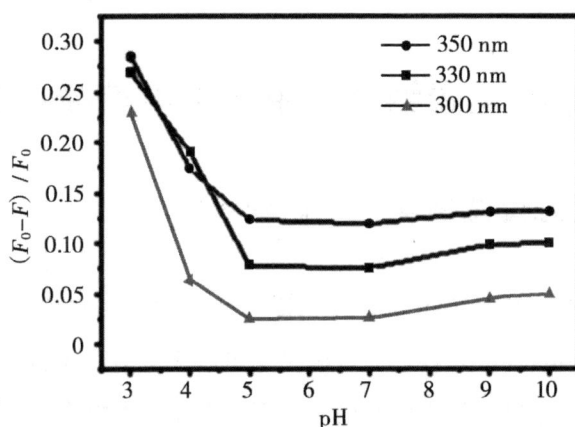

图 3 - 8　不同激发波长和不同 pH 环境下 CN 的荧光强度变化率

首先,利用未进行二次高温煅烧和酸化处理的 CN 对不同浓度的 TNP 进行荧光检测,并使用荧光光谱仪记录 CN 对 TNP 的荧光光谱变化规律,结果如图 3 - 9 所示。从图中可以看出,TNP 浓度在 0 ~ 12. 37 mg/L 的范围内变化时,随着 CN 悬浊液体系中 TNP 浓度增加,CN 的荧光强度逐渐降低,但其荧光光谱形状和峰值波长位置都没有发生变化。

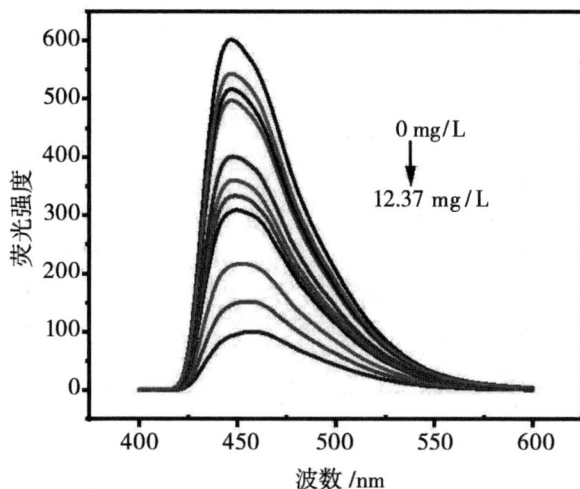

图 3－9　CN 在不同浓度 TNP 存在条件下的荧光光谱

接下来,利用荧光检测分析中常用的 Stern － Volmer 方程,如式(3 － 2)所示,来定量描述荧光强度的变化与 TNP 浓度之间的关系。

$$F_0 / F = 1 + K_{SV}c \qquad (3-2)$$

式中,F_0 表示 CN 样品初始荧光强度,F 表示加入 TNP 后的荧光强度,K_{SV} 表示荧光猝灭常数,c 则对应 TNP 浓度。

将 TNP 不同浓度点对应的荧光光谱峰位置的荧光强度提取出来,拟合后可以得到 CN 荧光强度与 TNP 浓度之间的线性关系图,如图 3 － 10 所示。从该图中可以得知,CN 用于 TNP 荧光检测的浓度范围为 2. 29 μg/L ～ 12. 37 mg/L,得到 TNP 的 LOD 为 0. 92 μg/L。其中斜率 $k = 0.393$,R^2 值达到 0. 997,说明 CN 荧光强度与 TNP 浓度变化之间呈现较好的线性关系,因此可以利用 CN 荧光强度与 TNP 在液相环境中的含量变化关系进行定量测量。

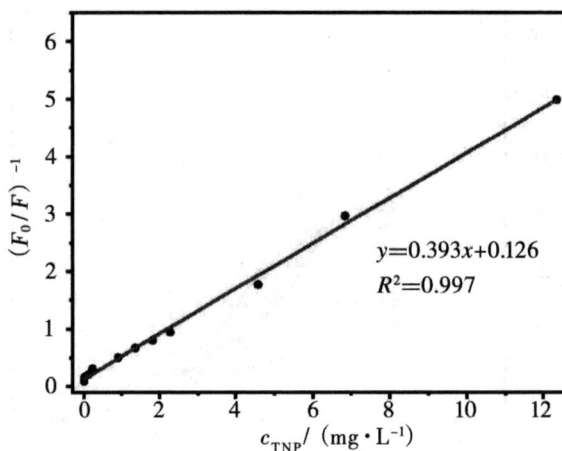

图 3 - 10　TNP 的浓度与 CN 荧光强度的线性关系图

　　然而问题是,实际水体环境中 TNP 的含量一般较低,且痕量的 TNP 便可对环境安全和人体健康造成威胁。这也就对 TNP 的定量检测能力提出了更高的要求。需要将 LOD 降低到微克量级以下,以满足实际检测应用的需求。

　　从 3.2.2 中有关 CN 和 H - CN 两个样品的形貌结构测试分析结果中可以看出,与 CN 相比较,H - CN 具有更大的比表面积和更薄的二维纳米片结构,更利于与待测物发生吸附作用,理论上能进一步提升荧光检测性能,实验上 H - CN 对 TNP 的荧光响应能力也验证了这一推测。选用 H - CN配制相应的荧光悬浊液体系用来测试 TNP 浓度,得到如图 3 - 11 所示的结果。由图可知,随着 TNP 浓度增加,H - CN 的荧光光谱变化规律与 CN 的荧光光谱变化规律相似,其荧光光谱的形状和峰值波长位置都没有发生变化,仅发生了荧光强度降低。对比图 3 - 9 与图 3 - 11 可以发现,H - CN的荧光强度降低幅度比 CN 的荧光强度降低幅度更加明显。

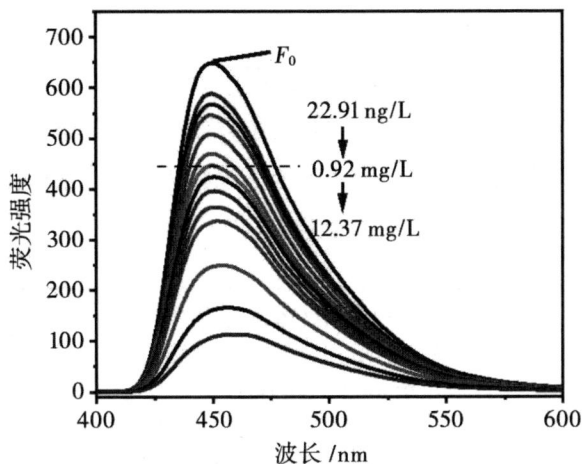

图 3 - 11 H - CN 在不同浓度 TNP 存在条件下的荧光光谱

图 3 - 12 为 TNP 的浓度与 H - CN 荧光强度的线性关系图。从中可以看出，在 0.92 ~ 12.37 mg/L 的浓度范围内，H - CN 可以有效检测 TNP。但这个范围小于 CN 的检测范围。这与理论推测结论产生了矛盾，即 H - CN 的荧光检测性能并没有得到提升。

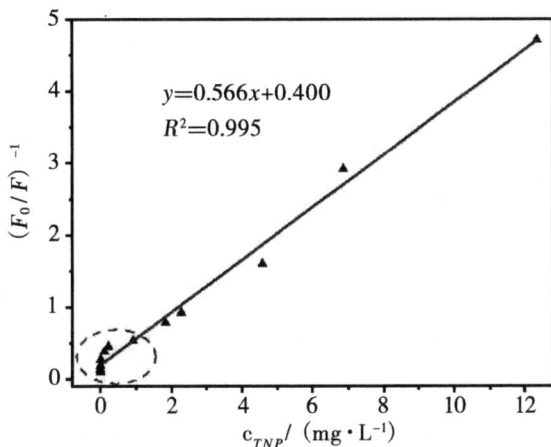

图 3 - 12 TNP 的浓度与 H - CN 荧光强度的线性关系图

有趣的是，在进一步分析其原因时发现，当 TNP 浓度极低时，H - CN 的荧光强度会进一步降低。利用双对数直线拟合曲线,可以得到如图 3 – 13 所示的线性关系图。从图中可以看出,拟合后,TNP 的可检测范围更宽,可检测的 TNP 痕量浓度低至 22.91 ng/L,LOD 也得到了进一步降低。但在极低浓度检测中,传统的 Stern – Volmer 方程不再适用,这说明造成 H – CN 荧光强度降低的因素不是单一参量,可能涉及多个荧光猝灭作用机制。因此,该荧光传感检测机制有待更进一步研究分析。

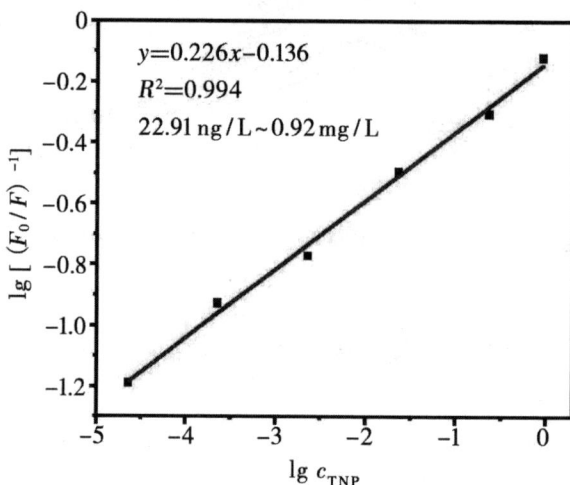

图 3 – 13 H – CN 荧光检测超低浓度 TNP 时的双对数直线拟合曲线图

实际检测环境中,污染物种类繁多,可能对荧光信号产生各种影响。因此,在利用荧光纳米材料对环境污染物进行检测时,需要考察其抗干扰能力。针对 TNP 实际所处环境和可能存在的干扰物,选择 2,4 – 二硝基苯酚(DNP)、2,4 – 二硝基甲苯(DNT)、4 – 硝基苯酚(NP)和 2,4,6 – 三硝基甲苯(TNT)等几种可能同时存在的、结构相似的污染物,分析它们与 TNP 共存和单独存在时,H – CN 对 TNP 的选择性检测能力。在 H – CN 中加入同样浓度 TNP 和其他污染物的荧光响应结果对比,如图 3 – 14 所示。由图可知,H – CN 的荧光强度受其他污染物影响较小,对 TNP 表现出良好的选择性荧光猝灭响应。

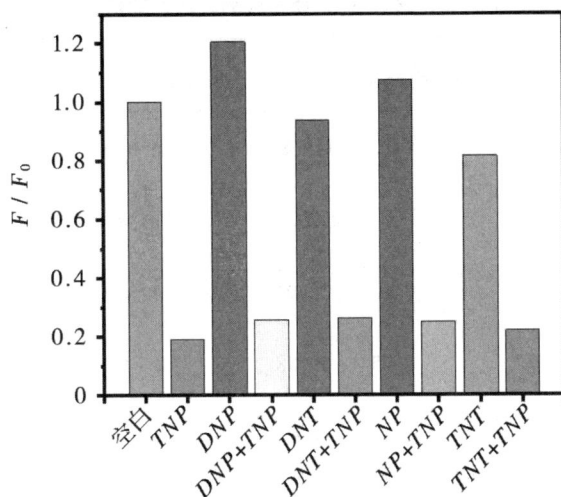

图 3 – 14 H – CN 在加入同样浓度 TNP 和其他污染物时的荧光响应对比
(F_0 表示 H – CN 初始荧光强度,F 表示加入 TNP 或其他污染物时 H – CN 的荧光强度)

通过上述 H – CN 用于 TNP 传感检测性能的测试分析,可以看出二维超薄多孔纳米片层结构非常有利于高效的荧光传感应用。进一步与其他类荧光纳米材料(如硅纳米粒子、碳点、二硫化钼量子点、氧化硼量子点等)所发展的多类型 TNP 荧光测试方法进行比较,比较结果如表 3 – 3 所示。由表可知,H – CN 无论在检测范围还是 LOD 方面都显现出非常大的优势,其纳克级别的 LOD 远低于其他检测方法的 LOD,非常适用于痕量 TNP 的检测,具有高灵敏度。这也充分说明了氮化碳的形貌/结构调控是提升荧光检测性能的有效策略。在本书后续的实验中,利用其他功能化方法对 g – C_3N_4 修饰改性前,均采用 H – CN 作为基础样品,以期获得最优的荧光响应效果。

表 3 – 3　多种 TNP 荧光检测方法性能对比

材料	线性检测范围/$(mg \cdot L^{-1})$	检出限/$(mg \cdot L^{-1})$	水样
硅纳米粒子	0.02 ~ 119.82	6.64×10^{-3}	河水/自来水
石墨相氮化碳纳米片	0 ~ 2.29	1.88×10^{-3}	湖水/海水
铽修饰蓝色碳点	0.12 ~ 22.91	4.58×10^{-3}	自来水/湖水
羟基喹啉铝纳米球	0.05 ~ 69.88	0.03	——
二硫化钼量子点	0.02 ~ 8.36	2.18×10^{-3}	湖水
碳点	0 ~ 6.87	1.73×10^{-3}	——
膦化芘衍生物	0 ~ 8.02	1.40×10^{-3}	——
石墨烯量子点	0.23 ~ 13.75	0.07	湖水
氮化硼量子点	0.06 ~ 45.82	0.03	河水
H – CN	2.29×10^{-6} ~ 12.37	9.20×10^{-6}	雨水/河水

3.3.2　传感性能提升机制分析

从 3.3.1 所分析的传感检测性能实验结果可以看出,通过设计反应参数和二次高温煅烧等过程对 $g – C_3N_4$ 的形貌/结构进行调控后所合成的 H – CN 表现出了优异的 TNP 荧光检测性能。为更好地将其应用于实际,现对其传感检测性能的提升机制进行深入分析。首先,从 H – CN 与 TNP 之间的相互作用,即吸附行为出发,开展了两种对比样品 CN 和 H – CN 对 TNP 的吸附动力学和吸附等温曲线实验。

图 3 – 15 为 H – CN 和 CN 检测 TNP 浓度的吸附动力学曲线。从中可以清晰地看出,在相同时间内,H – CN 对 TNP 的吸附量更多,且 H – CN 在

较短时间内即可达到吸附平衡。这意味着相同浓度 TNP 状态下,H－CN 的吸附能力更强。这说明经过表面形貌/结构调控以后获得的具有二维超薄多孔纳米片特征的 H－CN 对 TNP 的吸附作用更强。由此可知,对待测物具有强吸附能力可能是传感检测性能提升的重要原因之一。

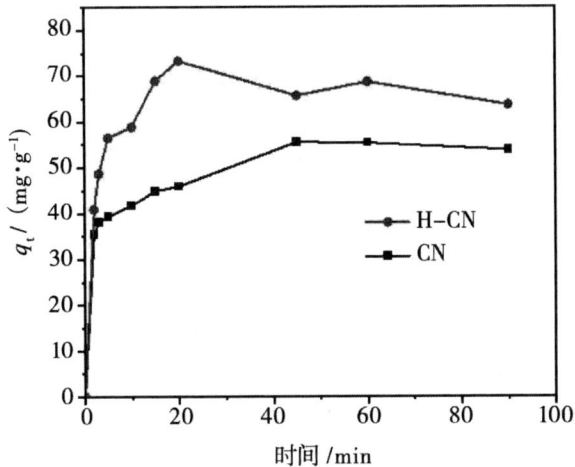

图 3－15　H－CN 和 CN 检测 TNP 浓度的吸附动力学曲线

　　将 CN 和 H－CN 两个样品的吸附动力学曲线数据利用准二级方程拟合后,得到如表 3－4 所示的两个样品对 TNP 的吸附动力学参数。两个样品的拟合线性回归系数均在 0.996 以上,说明拟合程度较好,即 TNP 在样品上的吸附作用符合准二级吸附模型,以化学吸附为主。由表中数据可以看出,H－CN 样品比 CN 样品达到吸附平衡所需要的时间更短,且平衡吸附量更大。两者检测 TNP 浓度的吸附等温曲线如图 3－16 所示,相应的吸附模型的拟合参数列于表 3－5 中。Henry 吸附模型是由吉布斯吸附公式和气体状态方程导出的,适用于单分子层吸附模式;而 Freundlich 吸附模型是一个经验吸附方程,适用于单分子层吸附模式和多分子层不均匀吸附模式。其中,Freundlich 吸附模型涉及材料表面的不均匀性、吸附点位的指数分布以及吸附能量等方面,较高的 K 值代表较大的吸附容量。根据 R^2 最大原则,并结合表 3－5 和图 3－16 的数据,可以看出 Henry 吸附模型和

Freundlich 吸附模型均能较好地模拟 CN 或 H - CN 对 TNP 的吸附过程,因为 R^2 均在 0.99 以上。同时可知,TNP 在 CN 表面的吸附过程符合单一的 Freundlich 吸附模型;而 TNP 在 H - CN 表面的吸附过程则受到浓度(吸附量)的影响较大,不符合单一的 Freundlich 吸附模型。尤其,当 TNP 的浓度极低时,其在 H - CN 表面的吸附过程更符合 Henry 模型。

表 3 - 4　样品对 TNP 的吸附动力学参数

吸附剂	温度	方程	$q_e/(\text{mg} \cdot \text{g}^{-1})$	$k_2/(\text{g} \cdot \text{mg}^{-1} \cdot \text{min}^{-1})$	R^2
H - CN	25℃	$y = 0.015\ 3x + 0.001\ 59$	65.49	0.150 0	0.997
CN	25℃	$y = 0.017\ 9x + 0.041\ 4$	55.99	0.007 7	0.998

表 3 - 5　样品对 TNP 等温吸附模型的拟合参数

样品	Henry 模型		Freundlich 模型			Henry - Freundlich 模型					
						Henry 模型		Freundlich 模型			
	浓度范围/($\mu\text{mol} \cdot \text{L}^{-1}$)										
	0 ~ 0.87		0 ~ 0.87			0 ~ 0.87		0.87 ~ 44			
	$K_H/(\text{L} \cdot \text{g}^{-1})$	R^2	$K_F/(\text{L} \cdot \text{g}^{-1})$	$1/n$	R^2	$K_H/(\text{L} \cdot \text{g}^{-1})$	R^2	$K_F/(\text{L} \cdot \text{g}^{-1})$	$1/n$	R^2	
H - CN	4.366	0.964	8.680	0.840	0.978	18.611	0.999	10.770	0.633	0.996	
CN	3.140	0.996	3.880	0.943	0.999						

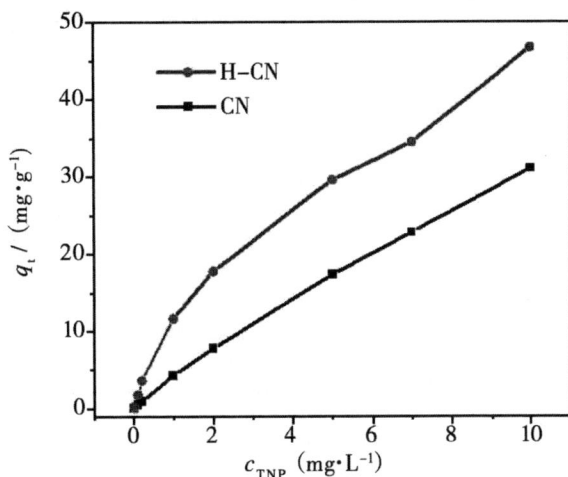

图 3 – 16　H – CN 和 CN 检测 TNP 浓度的吸附等温曲线

　　CN 和 H – CN 两个样品对 TNP 的荧光传感响应均表现为:随着 TNP 浓度增加,样品荧光强度降低,即发生了荧光猝灭现象。探究其产生的具体原因,能够有效提升传感检测性能。荧光猝灭的机制主要分为静态猝灭和动态猝灭两种。通过分析如图 3 – 17 所示的 H – CN 的荧光激发光谱(a)和 TNP 的紫外可见吸收光谱(b)可知,TNP 的紫外可见吸收光谱在 275 ~ 450 nm 之间有一个较宽的吸收范围,这一区间与 H – CN 的荧光激发光谱重叠。当 TNP 加入时,会产生 IFE,使 H – CN 的荧光强度降低,从而发生静态猝灭。早期利用 $g – C_3N_4$ 对 TNP 的荧光检测研究也证明了这一荧光检测机制。

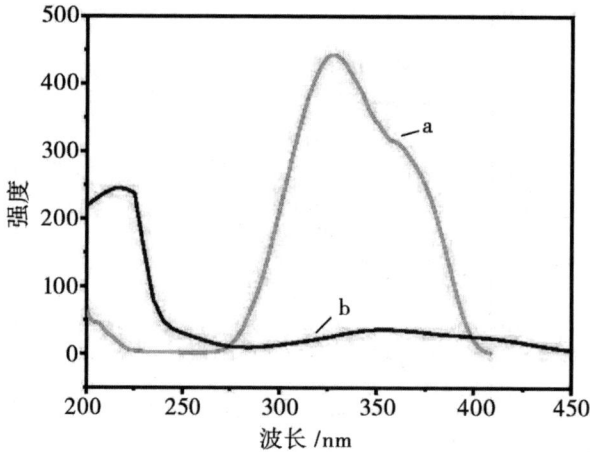

图 3-17　H-CN 的荧光激发光谱(a)和 TNP 的紫外可见吸收光谱(b)

　　除了广泛应用的 IFE 机制可导致荧光猝灭以外,应该还存在其他荧光猝灭机制。经推测,在超低浓度 TNP 存在条件下,H-CN 与 TNP 的单分子层吸附作用可以有效促进两者之间发生 PET 效应,从而导致荧光的动态猝灭。然而,从 TNP 的紫外可见吸收光谱中可以看出,它在较宽范围内的吸收强度有限。如果体系中 TNP 的浓度相对于 H-CN 的浓度过低,就不会对体系的荧光强度产生较大影响,超低浓度 TNP 也就难以被检测到。这也解释了在 TNP 浓度超低时需要利用双对数直线拟合曲线的原因,即存在 IFE 效应和 PET 效应双重影响。在 TNP 荧光检测实验中可以发现,与其他氮化碳基纳米材料相比,H-CN 具有更优异的传感检测响应能力,可以达到纳克级别的检测,满足痕量 TNP 检测分析的需求。

　　利用瞬态荧光光谱验证该动态荧光猝灭机制,得到如图 3-18 所示的结果。首先,测试 H-CN 的瞬态荧光衰减曲线并计算其荧光寿命。随后,在 H-CN 体系中加入 0.05 μmol/L 的 TNP 溶液,记录荧光衰减过程,并计算得到 H-CN 的荧光寿命有一定程度的缩短。同时,发现随着 TNP 浓度增加,H-CN 的荧光寿命大幅度缩短。瞬态荧光光谱验证了 H-CN 与 TNP 作用过程中存在动态荧光猝灭,即 PET 效应。

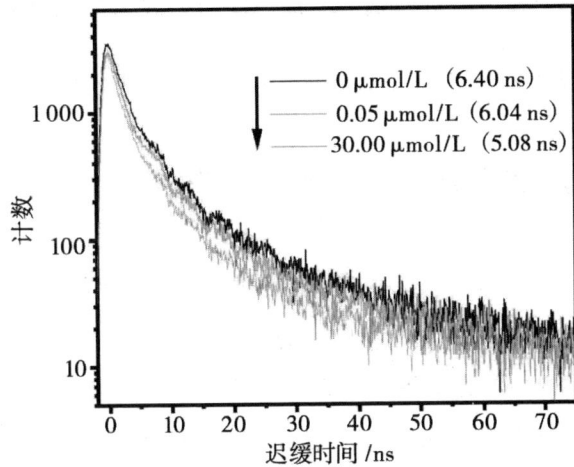

图3-18　H-CN和H-CN在吸附不同浓度TNP后的瞬态荧光衰减曲线

综上分析,绘制H-CN对TNP荧光检测机制图,如图3-19所示。由图可知,当体系中TNP浓度较高时,TNP对H-CN荧光强度的影响以IFE为主;当体系中TNP浓度较低时,两者之间的IFE效应减弱。由于H-CN对TNP单分子层具有强吸附作用,所以TNP对H-CN荧光强度的影响同时受到IFE和PET的双重作用。此外,通过H-CN对TNP荧光传感检测性能的分析和检测机制的探讨,也验证了形貌/结构调控合成的H-CN可有效增加材料的比表面积和表面活性位点,进而提升其吸附性能。因此,形貌/结构的调控对于传感应用导向的氮化碳基纳米材料功能化是一种行之有效的改性策略。

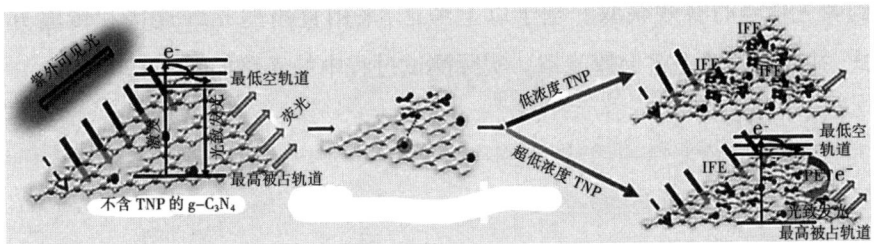

图3-19　H-CN对TNP的荧光检测机制示意图

3.4　二维氮化碳纳米片用于荧光传感检测的器件化应用

3.4.1　悬浊液探针光纤传输荧光传感应用

利用荧光纳米材料所发展的荧光传感技术,通常是将纳米材料配制成溶液,放置在比色皿中,并利用实验室的大型荧光光谱仪进行检测和分析。然而,现有的常规检测方法无法实现对环境中微量待测物现场快速检测。因此,本小节在氮化碳基纳米材料合成的基础上,结合光纤光谱仪和多模光纤光谱仪开展了便携式荧光光纤传输传感检测系统的研制。

利用经过二次高温煅烧处理和酸化处理得到的 H－CN 样品配制悬浊液探针体系备用。将该样品配制成浓度为 30 mg/L 的悬浊液荧光待测样品,并在室温下放置三周。三周后,悬浊液中 H－CN 仍分散均匀,没有产生明显沉淀,悬浊液澄清稳定,说明利用形貌/结构调控策略所制备的 H－CN 具有二维超薄纳米片层结构,其尺寸较小,非常利于配制性能稳定的悬浊液荧光探针。

选用工作波长为 365 nm 的光纤输出 LED 作为激发光源,直接照射到装有稳定 H－CN 悬浊液样品的透明比色皿上。直接通过肉眼即可观察到 H－CN 发射明亮蓝色荧光。600 μm 多模光纤被选用在光路中,收集 H－CN 所发射的荧光信号。如果采用直线型光纤传输方式,则经光纤输入的激发光强度过高,对于收集荧光信号影响较大,环境背景杂光也会影响到荧光信号的有效获取。基于以上考虑,采用直角型光纤连接和传输方式,并在比色皿上盖上遮光罩。实际测试过程中的光路如图 3－20 所示。

图 3 - 20　悬浊液探针荧光光纤检测系统光路示意图

选用不同浓度的 TNP 溶液加入 H - CN 悬浊液中,利用上述搭建的荧光传感系统获取 H - CN 荧光光谱的变化情况,从而验证该传感系统的有效性。由图 3 - 21 可知,随着 TNP 浓度增加,H - CN 的荧光光谱峰值波长和形状都没有发生变化,但荧光强度显著降低。这证明了 H - CN 悬浊液荧光探针结合光纤传输系统可有效实现荧光传感的应用,为后续实际检测应用提供了有力的实验支撑。

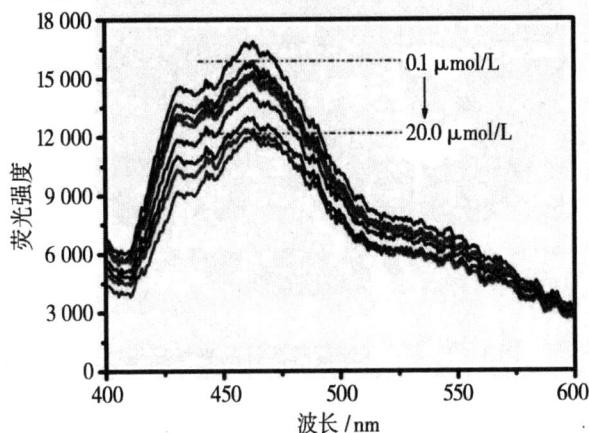

图 3 - 21　悬浊液探针荧光光纤检测系统测试的
H - CN 在不同浓度 TNP 存在时的荧光光谱

3.4.2 薄膜探针光纤传输荧光传感应用

虽然 H‐CN 悬浊液荧光探针结合光纤传输系统能有效获取荧光光谱信号,但在实际应用中,悬浊液水相探针不易回收。这会导致样品消耗过多和环境污染等问题。此外,探针材料也不利于保存、携带与现场快速检测应用。因此,本小节进一步探索制备了 H‐CN 薄膜探针并将其应用于小型化光纤光谱检测系统,建立薄膜探针有效、稳定、宏量化与器件化的制备方法,从而制备更便携的荧光传感器。

采用溶胶‐凝胶法刮涂制备 H‐CN 薄膜探针。图 3‐22 为该薄膜探针的光学显微镜图。图 3‐23 为该薄膜的 SEM 图。通过优化浓度配比、刮涂厚度、成膜温度等影响因素,成功制备了稳定且具有亲水性的 H‐CN 薄膜探针,这完全符合荧光检测的要求。

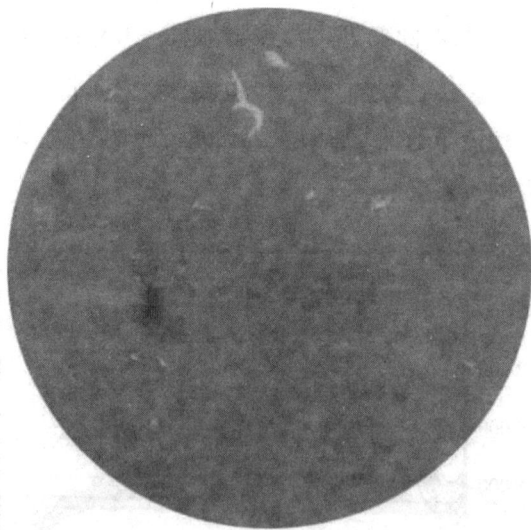

图 3‐22　H‐CN 薄膜探针的光学显微镜图

图 3 – 23　H – CN 薄膜探针的 SEM 图

　　对所制成的 H – CN 薄膜探针的荧光性能进行了稳定性分析,结果如图 3 – 24 所示。由图可知,与 H – CN 悬浊液探针相比,H – CN 薄膜探针的荧光发射光谱和激发光谱的位置没有发生显著变化,但荧光强度有轻微减弱。多个薄膜样品的荧光光谱几乎完全重合且强度稳定,可作为平行样使用,非常利于实际检测使用。将荧光光谱峰值波长 465 nm 处的荧光强度提取出来并绘制成柱状对比图,结果如图 3 – 25 所示。由图中可以明显看出,薄膜样品荧光强度基本一致,上下波动较小。这说明多次制备的 H – CN 薄膜探针荧光性能稳定,荧光强度能够保持在基准线上,能够有效用于后续的传感检测实验。

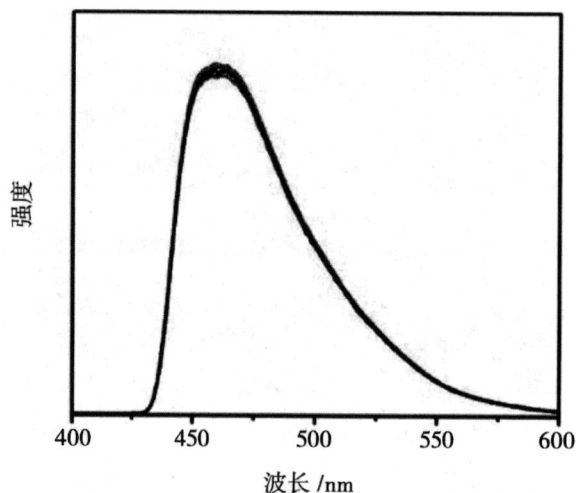

图 3 – 24　多个 H – CN 薄膜探针的荧光发射光谱对比

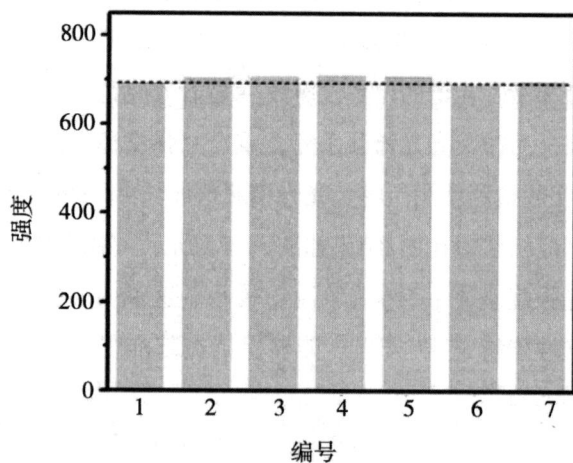

图 3 – 25　同批次 H – CN 薄膜探针的荧光强度稳定性测试

　　在实际检测的过程中,激发光源、光纤光谱仪和光纤传输等部件与悬浊液探针荧光光纤传输传感体系相同。与荧光光纤探针不同,采用光纤漫反射探头激发 H – CN 薄膜探针并获取相应的荧光信号。将薄膜放置于探头底部样品区,激发光纤探头和发射光纤探头成 45°夹角,且在激发和收集光路前的位置集成光纤准直透镜,有效避免激发光和背景散射光对薄膜发射荧光信号收集的影响,并有效提升信号识别强度。

　　选用多个 H – CN 薄膜样品,利用上述搭建的荧光传感系统获取 H – CN薄膜的荧光光谱,从而验证该传感系统的有效性。图 3 – 26 为光纤传输系统获取的同批次 H – CN 薄膜探针的荧光光谱,多个薄膜的荧光光谱能够被清晰准确地测量出来,与大型荧光光谱仪测试的光谱在形状和位置上都非常一致,荧光信号能够被有效获取和识别。这证明了选择 H – CN 薄膜荧光探针、利用光纤传输可有效实现荧光传感应用,为后续实际检测应用提供有力的实验支撑。

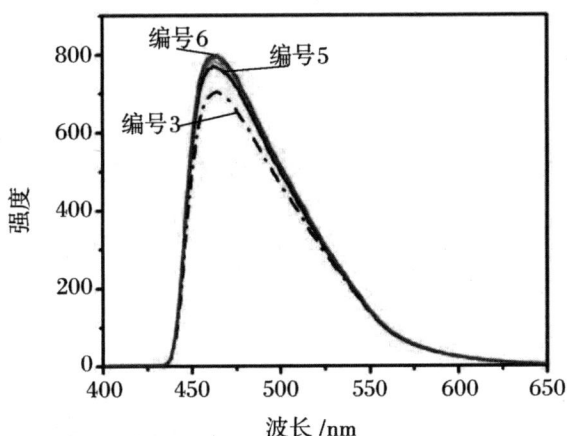

图 3 – 26　同批次 H – CN 薄膜探针的荧光光谱

3.4.3　水凝胶光纤探针荧光传感应用

　　在悬浊液探针结构和薄膜探针结构所搭建的荧光传感检测系统中,光纤仅起到了光信号的传输作用,作用于系统的集成和现场快速检测。将 H – CN 纳米材料与光纤通过物理或化学方式结合,可以使用更少的样品,在远程检测和原位实时分析等相关研究工作中具有明显的优势。构建多用途、高性能的紧凑型荧光全光纤传输传感体系,对于完善多功能荧光探针的设计、获得高效荧光传感体系以及推动 g – C$_3$N$_4$ 荧光传感应用的发展具有重要意义。

将聚乙二醇二丙烯酸酯(PEGDA)作为基底溶液、2 - 羟基 - 2 - 甲基 - 1 - 苯基 - 1 - 丙酮作为水凝胶结合的交联剂、H - CN 作为水凝胶体系的荧光发光物质构建荧光检测体系。用移液枪抽取适量 PEGDA 于试剂管中,随后用移液枪抽取一定量的 2 - 羟基 - 2 - 甲基 - 1 - 苯基 - 1 - 丙酮进行混合。称取少量 H - CN 粉末于烧杯中,用无水乙醇进行稀释后,配制成 0.01 mol/L的 H - CN 悬浊液。用量筒抽取 100 μL g - C$_3$N$_4$ 的悬浊溶液与前驱体溶液进行混合。将混合后的试剂管放入超声波机超声处理 15 min,得到液相的水凝胶光纤材料。具体制备流程与图 3 - 27 所示的 g - C$_3$N$_4$ 水凝胶溶液制备流程类似。

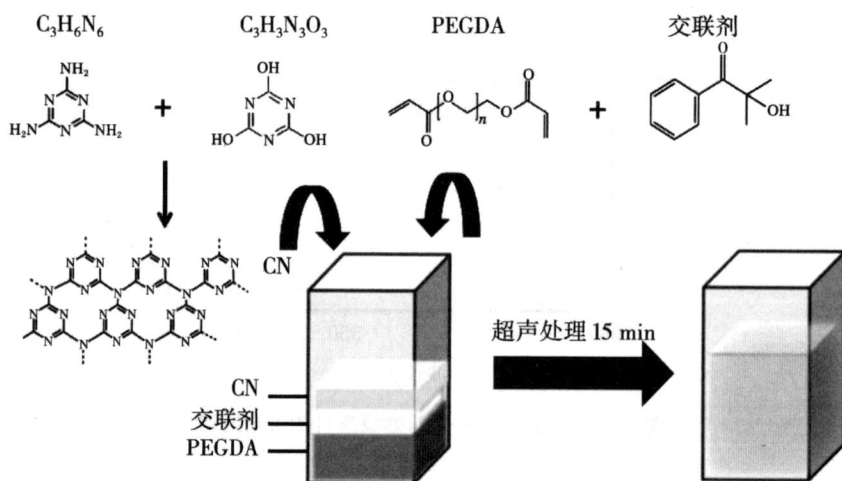

图 3 - 27 g - C$_3$N$_4$ 水凝胶溶液制备流程

待超声完成后,将前驱体溶液用注射器注入内径为 500 μm 的硅胶管,然后将纤芯直径为 400 μm、包层直径为 440 μm 的 SiO$_2$ 多模光纤插入硅胶管中。随后将硅胶管暴露在紫外线灯下照射 1 ~ 2 min,使水凝胶材料在紫外环境下进行交联。交联完成后,剪开硅胶管,得到成型的 H - CN 荧光光纤探针。

采用光纤耦合器作为分光装置,所有的器件均通过光纤法兰盘连接,从而实现准全光纤结构,使得系统更为紧凑与稳定。在信号处理部分,引入基于 LabVIEW 软件实现的锁相滤波相关算法,在不增加复杂度的前提下,提高了系统对微弱信号的检测能力。设计集成便携式荧光全光纤传输传感检测系统,测试分析其针对不同种类污染物的荧光检测灵敏度、检测范围、稳定性及重复性。图 3 – 28 为荧光全光纤传输传感检测系统的构建方案图。经调制的激光器发出脉冲激光,然后经光纤耦合器传输至荧光光纤探针端,激发探针周围的荧光染料产生荧光信号。一部分信号光将被荧光光纤探针收集,并经光纤耦合器反向传输至光纤准直器,经光纤准直透镜内的滤光片进行滤光处理及透镜进行准直聚焦后,重新耦合回光纤。最后,通过光纤光谱仪进行光谱信号的收集。该信号再通过基于 LabVIEW 软件实现的锁相滤波相关算法处理并提取有用信号,最终在计算机上实现结果可视化输出。

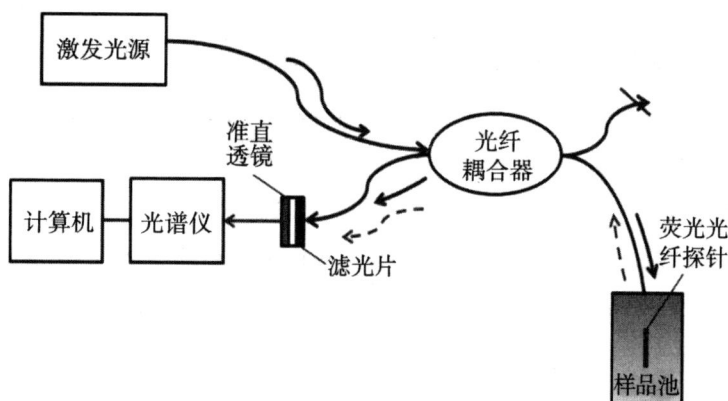

图 3 – 28　荧光全光纤传输传感检测系统的构建方案图

考虑到后续实际使用中器件的稳定性,在激发光源持续激发的条件下,间隔一段时间测试 H – CN 荧光光纤探针的荧光强度变化。图 3 – 29 为该探针的荧光强度随时间变化图,由图可知,在长达 70 min 的激发下,荧光光纤探针的荧光强度没有发生明显变化,仍能高效发射稳定的荧光信号。这说明它适合于实际传感检测的应用。

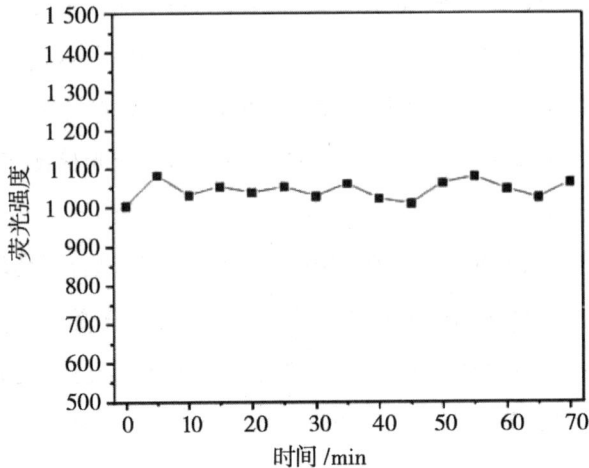

图 3-29　H-CN 荧光光纤探针的荧光强度随时间变化图

3.4.4　现场环境检测一体化系统设计

目前荧光检测技术仍存在现场检测装置精度低、收集与检测速度慢、自动化程度低等问题。因此,本书拟通过攻克采集检测一体化集成设备、纳米荧光敏感材料、多通道动态检测传输等关键技术,实现特定污染物的收集和检测全自动化、实时化与远程化的动态监测。

微流控芯片的迅速发展使分析检测过程中样品的微型化、集成化和自动化成为可能,为现场快速检测提供了更多选择。根据污染物特点,构建柔性微流控芯片结构的有限元分析模型。即,基于计算机辅助设计和微纳米加工技术,通过纳米热压印等技术在柔性聚合物表面制备微流控芯片结构。该芯片利用电驱动的方式,自由切换微流控通道的阻断和开启,实现对检测底物的精准定量分析和重复性检测。该系统与荧光全光纤探针传感检测系统类似,但应将荧光光纤探针替换为柔性微流控芯片。

自动取样系统运行时,水体流过微流控芯片进行自动采集。微流控芯片具有污染物富集功能,其内部管路采用标准的软刻蚀技术制作,芯片收集管线为周期状鱼骨架结构,两层芯片通过热聚合固定。由于管线材质有透气性,为防止负压气体扩散,在芯片上下分别用有机玻璃压紧,并用螺丝加固。整个管道内壁处理成亲水结构,以更好地对石油烃进行捕获和富集。工作时,在微型泵作用下,将污染物质通过滤膜吸入富集管路,同时利用滤膜除去杂质。吸入液体在弯形结构管道内形成涡流和湍流,使液体直线运动速度减慢,污染物在管道亲水内部表面通过碰撞沉积实现采集。设计的具有固定周期的弯形收集管线内部细节图及微流控自动进样系统如图3-30所示。

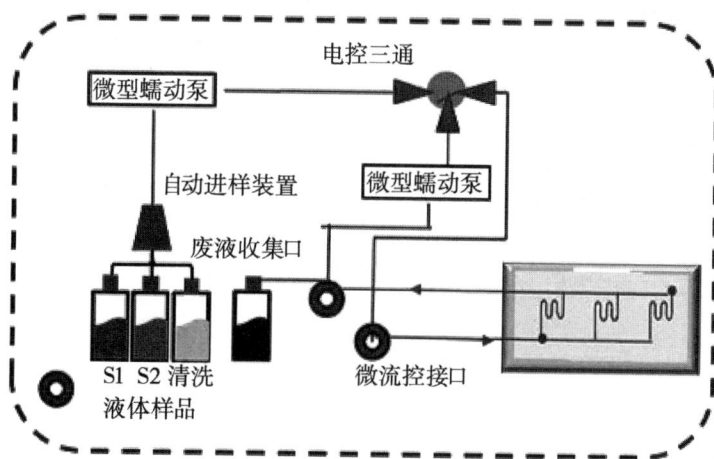

图3-30　具有固定周期的弯形收集管线内部细节图及微流控自动进样系统图

　　这种微结构能够打破稳定层流,促进液体产生旋转和拉伸,增加污染物质与内壁撞击的概率,使污染物容易在微结构内壁表面吸附,实现污染物质高效富集和捕获。以石油行业为例,在废水排放过程中必须进行定期监测工作,防止出现泄漏等严重问题。传统检测工作大多是以人工方式进行的,不仅检测效率低,而且严重浪费人力资源,成本难以得到有效控制。将物联网技术应用到检测工作中,通过智能传感设备和无线通信技术实现远程检测操控,不仅可以对一体化设备实现二十四小时全时段监测,还能够对设备故障位置进行自动定位和预警,为企业和环保部门实时提供石油污染物的精确数据,从而提升故障检测效率,提高检测设备的准确性。仪器主要由污染物收集系统、微型蠕动泵、波长扫描激光系统、荧光光纤传输系统、无线传输系统等设备联合控制。由图3-31可知,本项目采用MCU

中央控制单元作为主控单位,通过 CAN 总线 B 产生控制信号,统一协调仪器所有模块工作,完成多路微流控通道污染物收集与光信号监测等工作。

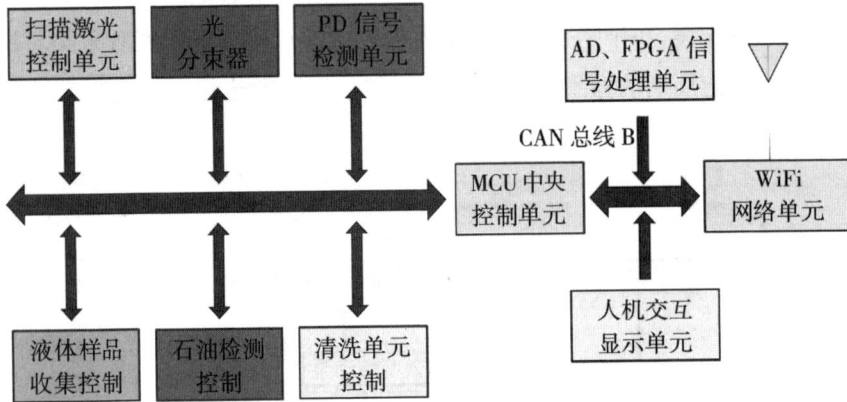

图 3 – 31　仪器全自动控制与处理原理图

装置运行过程描述如下:首先,检测仪器开机之后,会进行自动诊断与校准,对整个机器及各个模块进行功能检测及故障诊断,并实时显示自检过程。接着,通过无线远程控制模块将自检信息发送到远程监控设备。仪器自检完成后,开始检测工作。第一通道首先启动,微流控单元使采样液体流过微流控芯片进行石油类污染物的采集,并对采样水体流量进行测量。在采样的同时,启动荧光光纤检测单元,并调整光纤偏振控制器至最佳工作状态。然后,启动超声控制,产生涡旋声场和驻波场。通过涡旋声场使采样液体沿检测微流通道加速流动,增加石油类污染物与传感材料接触的概率。此外,在光纤检测部分施加激发光,结合氮化碳基纳米材料的荧光检测技术,通过信号采集处理单元完成整个测量过程并输出测量结果,最终完成超低极限浓度的石油类污染物检测。图 3 – 32 为检测装置界面,该界面可显示实时石油类污染物监测信息,并将其发送到远程数据接收端。通过控制单元,可以控制多通道的收集、测试与清洗再生工作顺序,实现石油类污染物长时间、持续性动态监测。图 3 – 33 为该检测装置整体结构及技术路径。

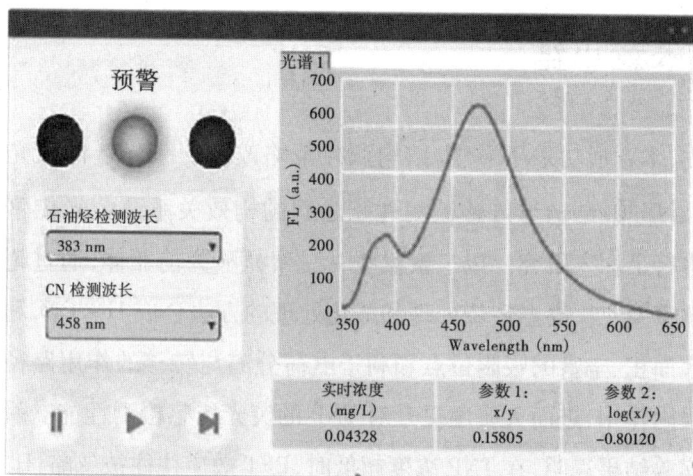

图 3 – 32　检测装置界面图

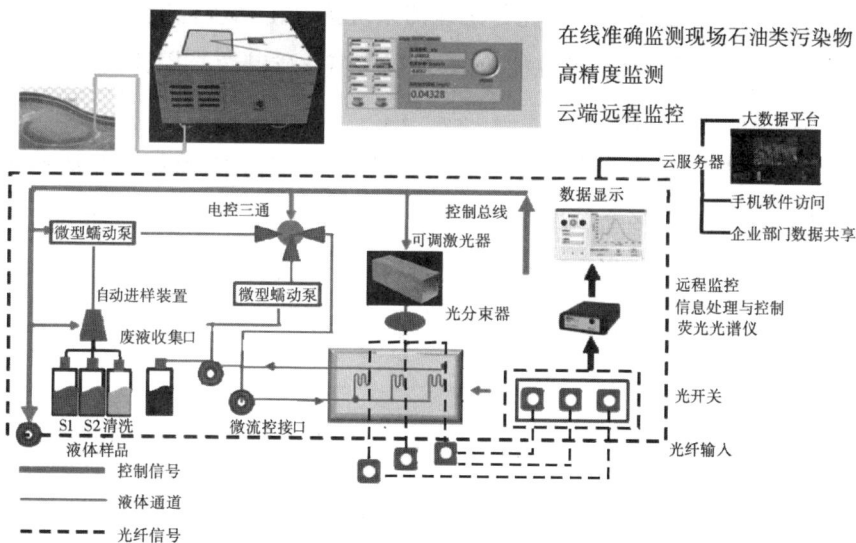

图 3 – 33　检测装置整体结构及技术路径示意图

现场环境检测一体化系统目前尚处于设计阶段。该系统将功能化纳米荧光材料,特别是氮化碳基纳米材料,与微流控技术、光纤传感、物联网等多个领域进行交叉融合,为传感检测领域提供更广阔的发展方向。

3.5　本章小结

　　首先,本章成功采用形貌/结构调控策略改善 g – C_3N_4 的荧光传感检测性能,对形貌/结构与传感检测性能之间的构效关系及荧光传感响应过程机制进行了深入研究。以三聚氰胺 – 三聚氰酸为前驱体,通过超分子自组装热缩聚及二次高温煅烧处理和酸化处理的方法合成 H – CN,利用其较大的比表面积、丰富的吸附位点和利于电荷分离与转移的作用路径改善对 TNP 的吸附作用,进而大幅度提升对 TNP 的荧光传感检测性能。瞬态荧光光谱等实验结果表明,在 TNP 浓度超低时,PET 效应往往被忽略;H – CN 因对 TNP 的单分子层具有吸附作用,而在荧光猝灭过程中发挥重要作用。

　　其次,本章还介绍了悬浊液探针结构、薄膜探针结构和水凝胶光纤探针结构,对搭建的污染物荧光传感检测系统进行了初步性能分析,验证了不同探针结构的传感检测性能,有效拓展了氮化碳基荧光探针在传感检测应用领域的研究思路。

　　最后,针对复杂水体环境中多种污染物的检测需求,将微流控技术、光纤传感、物联网等多个领域交叉融合,设计了可应用于现场环境检测的一体化系统,为未来氮化碳基纳米传感材料的发展提供了方向。

第 四 章

金属修饰氮化碳纳米片的设计合成
及其荧光传感应用

4.1 引言

金属阳离子易于与某些阴离子发生配位反应或与芳烃类有机污染物的苯环等分子结构发生化学吸附,具有选择性吸附能力。引入单原子形态金属材料有望在实现最大原子利用率的前提下缩短光生电子转移距离,同时通过配位调控显著提高传感检测性能及其选择性。具有高原子利用率和独特电子结构的单原子形态金属材料能显著提升载体材料界面的选择性吸附能力和光生载流子的传输速率,进而能够有效提升氮化碳基纳米材料在多种污染物中的传感检测性能。

此处,阴离子以 Cl⁻ 为代表,芳烃类有机污染物以菲(PHE)为代表进行说明。在工业用水中,过量 Cl⁻ 存在会加速生产结构腐蚀,威胁生产结构安全;在农业用水中,过量 Cl⁻ 存在会加速土壤盐碱化,阻碍农作物的正常生长;饮用含过量 Cl⁻ 的水会损伤人体中枢神经。以 PHE 为代表的多环芳烃污染物具有半挥发性、迁移性、生物蓄积性和高毒性,在环境中分布极为广泛,会对生态环境和人体健康造成极大威胁。因为缺乏具有高灵敏度与高选择性的快速检测技术,所以这两类典型污染物的迁移规律分析、生态影响评估以及防护方法研发等相关研究受到了极大的限制。

与实验室传统检测技术比较,基于氮化碳基纳米材料的荧光检测技术具有成本低、操作易、响应速度快、对环境友好等优势。因此,相关方面的研究已经引起了国内外研究人员的广泛关注,多项基于 g - C₃N₄ 设计的、可用于检测芳烃类有机污染物和阴离子的荧光检测技术被报道。但是,现有检测技术的检测能力仍有待进一步提升。因为实际水体环境比实验模拟水体环境更为复杂,多种相似阴离子或芳烃类污染物共同存在且这些污染物的浓度通常都比较低。

本章以 Cl⁻ 和 PHE 作为待测分析物,拟从金属修饰的角度,在合成 H – CN 的基础上,针对不同待测物的不同性质,修饰不同形态和不同种类的金属,并对其功能化复合材料的选择性吸附优势、荧光传感检测性能及荧光猝灭机制等进行深入研究。针对 PHE 易与多种芳烃混合共存的情况,可利用单原子 Zn 的修饰作用有效提升氮化碳纳米片的选择性吸附作用,同时利用 PHE 自身荧光与氮化碳纳米片的荧光构建比率型荧光传感模型,进而实现对痕量 PHE 的高选择性检测。

4.2 纳米 Ag 修饰氮化碳纳米片用于 Cl⁻ 荧光传感检测

4.2.1 纳米 Ag 修饰氮化碳纳米片的设计合成

(1)实验试剂和仪器

纳米 Ag 修饰氮化碳纳米片的合成与荧光传感性能测试中所使用的实验试剂见表 4 – 1。

表 4 – 1 实验试剂

试剂名称	分子式	纯度
三聚氰胺	$C_3H_6N_6$	A. R.
三聚氰酸	$C_3H_3N_3O_3$	A. R.

续表

试剂名称	分子式	纯度
氯化钠	NaCl	A. R.
硝酸	HNO_3	A. R.
硝酸银	$AgNO_3$	A. R.
甲醇	CH_4O	G. R.
乙醇	C_2H_6O	A. R.
正丁醇	$C_4H_{10}O$	A. R.

注:A. R. 为分析纯;G. R. 为优级纯。

本节实验用水均为自制二次蒸馏水。

实验中材料制备、结构表征、光学性能测试和检测机制分析等过程涉及的主要仪器设备列于表4-2中。

表4-2　实验仪器

仪器与设备名称	型号
高温箱式电阻炉	SR2-4-10
恒温加热磁力搅拌器	DF101S
高速离心机	H1850
X射线衍射仪	Bruker D8 Advance
傅里叶变换红外光谱仪	iS50 FT-IR
紫外-可见分光光度计	UV-2700

续表

仪器与设备名称	型号
扫描电子显微镜	S – 4800
透射电子显微镜	JEM – 2010
高性能多通道全自动比表面积与孔隙度分析仪	TriStar Ⅱ 3020
稳态/瞬态光谱仪	自行搭建
荧光分光光度计	LS55
高效液相色谱仪	安捷伦 1200
时间分辨荧光光谱仪	自行搭建
马弗炉	SX2 – 4 – 10
电子天平	AR1140/C

（2）合成方法

为了对比分析金属修饰前后氮化碳纳米片的传感性能提升情况,首先利用第三章的方法合成 H – CN,作为对比分析样。

纳米 Ag 修饰的氮化碳纳米片（Ag – CN）的制备则采用浸渍法。首先称取 1 g H – CN 样品均匀分散于不同浓度的 $AgNO_3$ 溶液中,超声搅拌 6 h 后放在 80 ℃ 烘箱中干燥,然后放置于 400 ℃ 管式炉中煅烧 30 min,最后自然冷却至室温,所得到的固体粉末状样品记为 Ag – CN。

（3）测试与表征方法

利用 TEM 表征合成样品的表面形貌和结构。利用 X 射线光电子能谱仪（XPS）收集自由电子的动能信息,分析金属修饰氮化碳基纳米材料表面的元素组成和化学态。

（4）形貌结构分析

图 4 – 1 为 Ag – CN 的 TEM 图。从图中可以观察到 Ag 的修饰没有改变氮化碳纳米片的二维超薄多孔片层结构,此外,由于纳米 Ag 负载量较

少,所以通过 TEM 无法直接观察到 Ag 的分布情况。因此改用 XPS 观察,结果如图 4 – 2 所示。由图可知,Ag 3d 在 374.8 eV 和 368.8 eV 两个位置出现了两个明显的特征峰,对应 Ag^0 的 Ag $3d_{5/2}$ 和 Ag $3d_{3/2}$,说明纳米 Ag 单质被成功修饰到 H – CN 上。

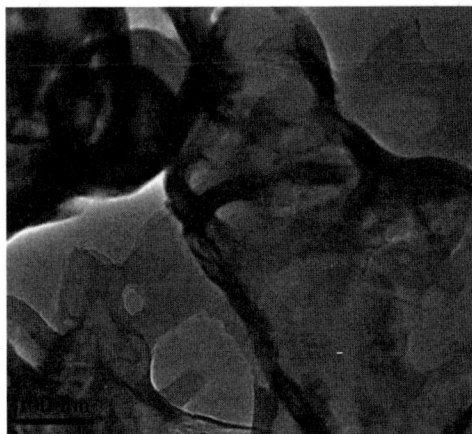

图 4 – 1　Ag – CN 的 TEM 图

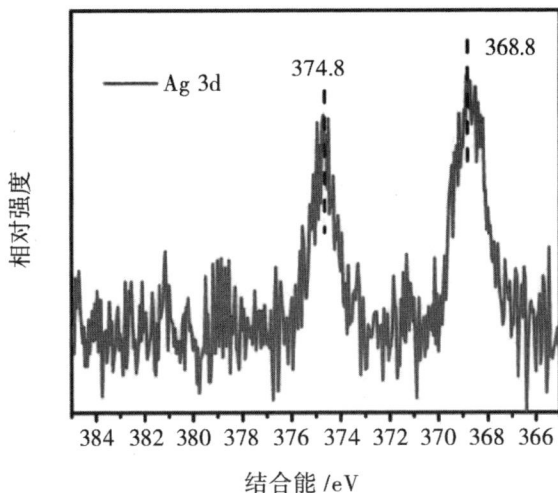

图 4 – 2　Ag – CN 的 XPS 谱

4.2.2　荧光传感检测性能

（1）荧光检测性能技术方法

采用荧光光谱仪测试 Ag – CN 对 Cl⁻ 浓度变化的荧光传感响应性能的过程如下：首先，将制备好的 Ag – CN 和适量二次蒸馏水，通过超声振荡和抽滤得到分散均匀稳定的悬浊液。其次，利用硝酸和氢氧化钠调节液相体系的 pH 值。同时，配制不同浓度的 Cl⁻ 溶液待用。接着，将配制好的 9 mL Ag – CN 悬浊液与 1 mL 不同浓度的 Cl⁻ 溶液均匀混合后倒入比色皿，并放置在荧光光谱仪液相样品池中待用。对荧光光谱仪测试参数（激发光入射狭缝宽度和出射狭缝宽度、光谱测试范围、扫描时间和次数等）进行设置，得到不同状态下的 Ag – CN 荧光光谱变化。为了分析 Ag – CN 对 Cl⁻ 荧光检测的选择性，选用含有多种其他类型阴离子的不同污染物，通过上述方法检测其对 Ag – CN 荧光光谱的影响，并收集抗干扰实验数据。

（2）荧光传感性能分析

利用稳态荧光光谱仪分析 Ag 单质的引入对 H – CN 荧光的影响情况。分别测试 H – CN 和 Ag – CN 的荧光激发光谱和荧光发射光谱，得到图 4 – 3。如图所示，无论是荧光激发光谱还是荧光发射光谱，H – CN 与 Ag – CN 的形状和峰值波长位置都没有很大的区别，但 Ag – CN 的荧光强度较低。

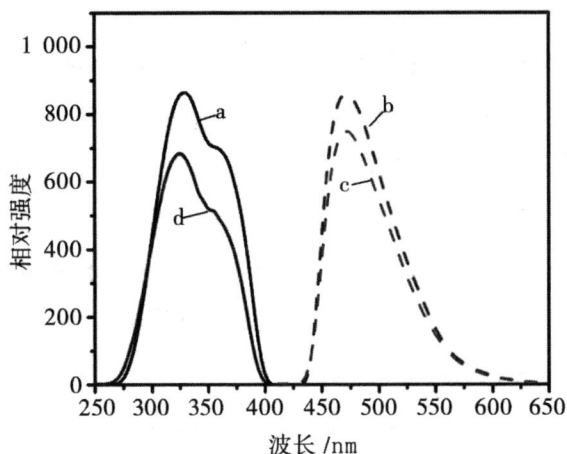

图4-3　H-CN的荧光激发光谱(a)、荧光发射光谱(b);
Ag-CN的荧光激发光谱(c)、荧光发射光谱(d)

为了得到最优的荧光测试条件,本书还测试了不同pH值对Ag-CN的初始荧光强度的影响,结果如图4-4所示。在强酸或强碱的环境下,Ag-CN的荧光强度均会发生较大程度猝灭,而在pH处于4~7时,荧光强度变化率较小。在pH=4时,加入Cl⁻,Ag-CN表现出了最大的荧光强度变化率。因此选用pH=4的条件调配Ag-CN溶液并应用于后续的荧光传感检测实验中。

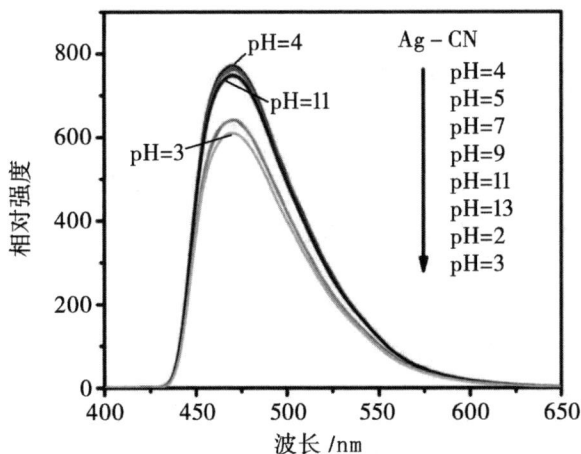

图4-4　不同pH值对Ag-CN样品的初始荧光强度的影响

为了对比分析引入 Ag 单质对材料荧光检测性能的影响,首先测试了 H – CN 样品对 Cl⁻ 的荧光检测性能。在 H – CN 悬浊液中加入不同浓度的 Cl⁻ 溶液,并记录相应的荧光强度变化情况。如图 4 – 5 的插图所示,随着 Cl⁻ 浓度的升高,H – CN 的荧光光谱形状保持不变,但荧光强度随之有所降低,在 5.00 mmol/L ~ 0.10 mol/L 的范围内,可以有效检测到 Cl⁻ 浓度的变化。提取荧光光谱峰值波长所对应的强度值,利用 Stern – Volmer 方程可得到相应的线性关系图,如图 4 – 5 所示。

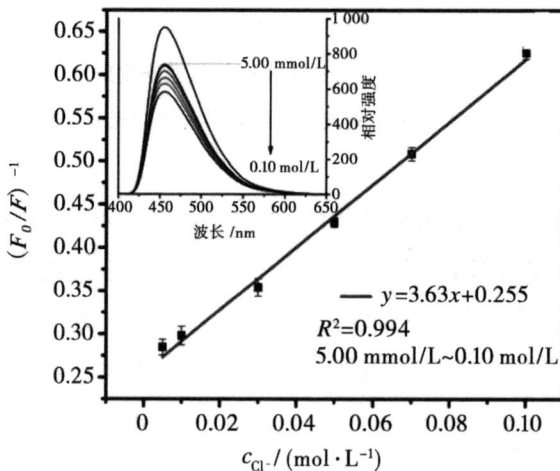

图 4 – 5 不同浓度 Cl⁻ 存在时,H – CN 的荧光光谱(插图)和相应线性关系图(pH = 4)

图 4 – 6 为不同浓度 Cl⁻ 存在时,Ag – CN 的荧光光谱和相应的线性关系图(pH = 4)。由图可知,在同样测试条件下,经过 Ag 修饰后,Ag – CN 对 Cl⁻ 的荧光检测性能大幅提升,检测范围可以拓展到 0.50 mmol/L ~ 0.10 mol/L,LOD 低至 0.06 mmol/L。

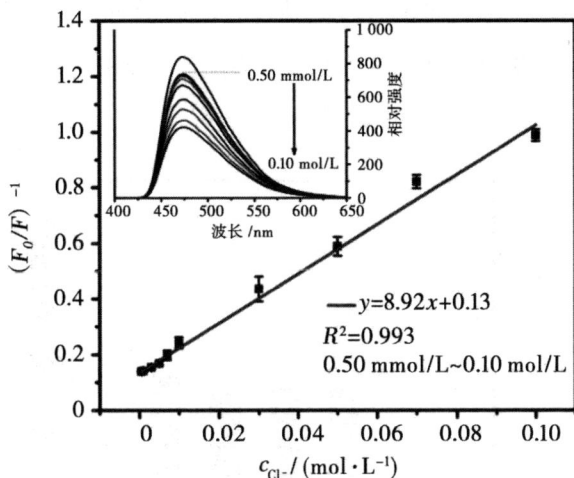

图4-6 不同浓度 Cl⁻ 存在时,Ag-CN 的荧光光谱(插图)和相应的线性关系图(pH=4)

图4-7 为 pH=7 时,Cl⁻ 浓度与 Ag-CN 荧光强度的线性关系图。由图可知,在 pH=7 时,加入不同浓度 Cl⁻ 后,Ag-CN 的荧光强度仍会发生明显减弱。这说明在中性条件下,Ag-CN 对 Cl⁻ 仍然具有较好的荧光检测性能,仅斜率比酸性条件下略有减小。该检测结果说明 Ag-CN 可用于实际水体环境的 Cl⁻ 检测。

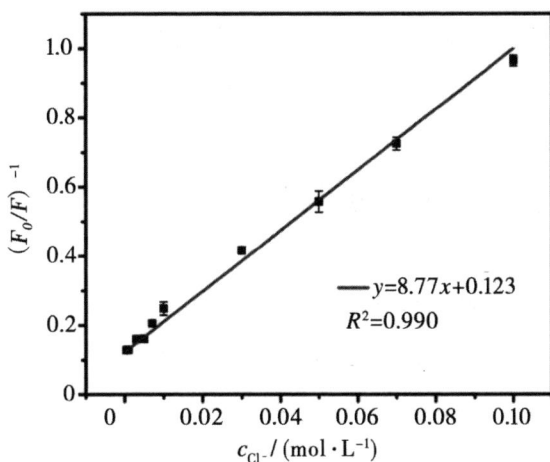

图4-7 pH=7 时,Cl⁻ 浓度与 Ag-CN 荧光强度的线性关系图

在实际水体环境中可能存在其他多种阴离子。为了分析 Ag – CN 对 Cl^- 的选择性,分别将多种浓度相同的阴离子加入浓度相同的 Ag – CN 悬浊液体系中,记录其荧光变化情况,得到图 4 – 8。

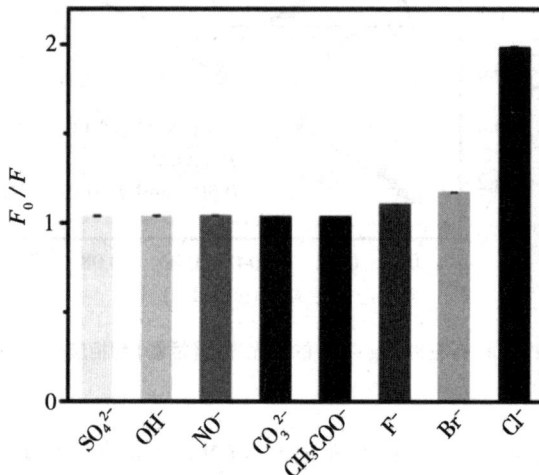

图 4 – 8　Ag – CN 荧光检测不同阴离子情况对比图

由图 4 – 8 可知,检测其他阴离子时,F_0/F 数值都接近 1,说明这些阴离子对 Ag – CN 荧光强度影响较小;而在检测 Cl^- 时,F_0/F 数值较大,说明 Ag – CN 能够实现高选择性检测 Cl^- 的目的。以上实验结果表明,Ag 修饰能极大提升 g – C_3N_4 对 Cl^- 的传感检测性能。

4.2.3　传感性能提升机制分析

(1)荧光检测性能与机制分析技术方法

在分析金属修饰氮化碳纳米片荧光检测的荧光猝灭机制时,同样采用瞬态荧光光谱仪进行测试,以判断荧光猝灭的过程。此外,对电荷分离的表征还采用了稳态/瞬态表面光电压谱,涉及的实验系统为课题组自行搭建。稳态表面光电压(SS – SPS)测试系统如图 4 – 9 所示,组件包括:光源(氙气灯)、样品池、光源斩波器、同步锁相放大器和电脑等。其中,样品池

可以通入不同的气体(空气、N_2、O_2)以保证不同的测试气氛。样品被两个
ITO 导电玻璃夹紧,经过光源斩波器的单色光照射后,产生光电压信号,光
电压信号由同步锁相放大器放大后在电脑终端上处理。

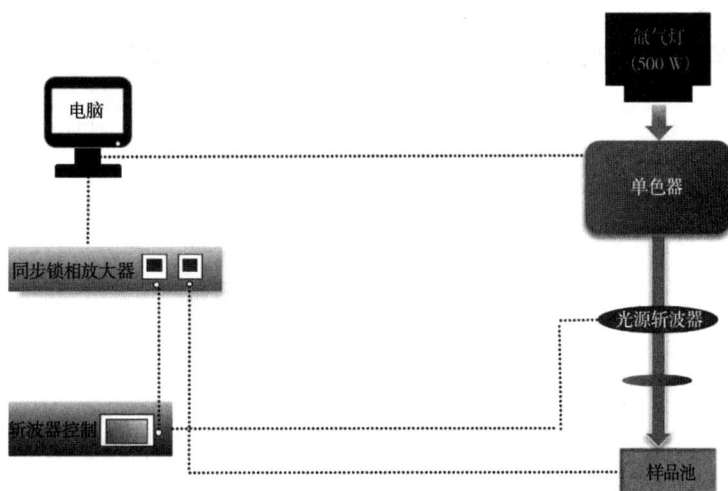

图 4 - 9　SS - SPS 测试系统示意图

　　瞬态表面光电压(TR - SPV)可以有效检测光生电荷分离之后的动力
学寿命,并具备分辨光生电子和光生空穴的能力。图 4 - 10 为本章所用的
TR - SPV 测试系统,乃课题组自行搭建,组件包括:YAG 型激光光源(可选
355 nm 或 532 nm 的激发波长)、PE50BF - DIF - C 型能量计、5185 型前置
放大器、DPO 410B 型数字示波器(带宽 1 GHz)、电脑。固定频率脉冲激光
用于激发待测试的样品,使其产生光电压信号,该信号随后由前置放大器
放大,再被数字示波器收集,最终在电脑终端上进行操作控制和数据提取。

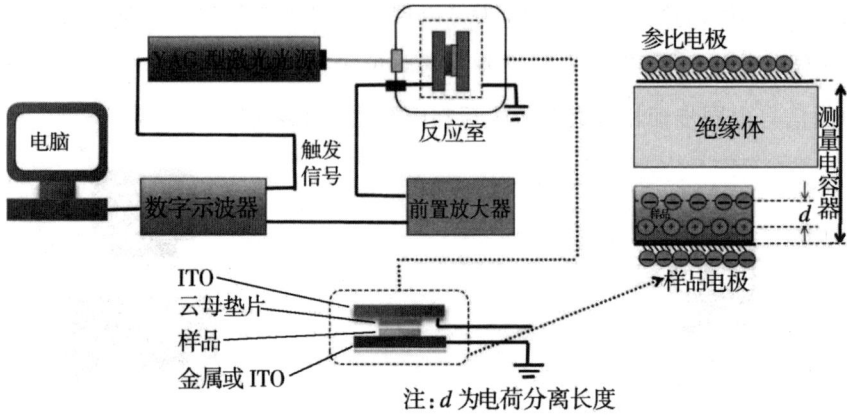

图 4 – 10　TR – SPV 测试系统示意图

（2）传感性能提升机制分析

Ag – CN 对 Cl⁻ 的荧光传感响应表现为：随着 Cl⁻ 浓度的增加，Ag – CN 荧光强度降低，发生荧光猝灭。图 4 – 11 为不同 pH 值时 Cl⁻ 的紫外可见吸收光谱。从图中可以看出，在较宽的可见光波长范围内，Cl⁻ 都没有明显的吸收峰，即 Cl⁻ 的紫外可见吸收光谱与 Ag – CN 的荧光激发光谱和发射光谱都没有发生重叠。由此可合理推测，在 Ag – CN 对 Cl⁻ 的荧光检测过程中不存在 IFE 和 FRET 作用。

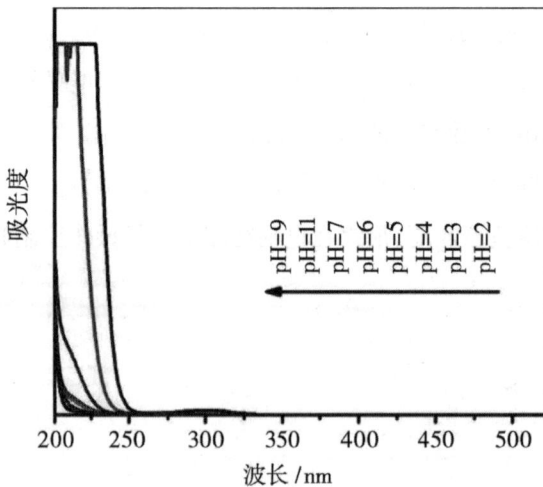

图 4 – 11　不同 pH 值时 Cl⁻ 的紫外可见吸收光谱

为了进一步探究 Cl⁻ 使 Ag - CN 发生荧光猝灭的原因,采用时间分辨荧光光谱技术进行分析。图 4 - 12 为不同样品的瞬态荧光衰减曲线。由图可知,在吸附 Cl⁻ 后,H - CN 的荧光寿命缩短,说明在吸附过程中发生了荧光猝灭,这可归因于 PET 现象;Ag - CN 在吸附同样浓度 Cl⁻ 后荧光寿命变化率最大,说明 Ag 修饰有效促进了 PET 过程,更有利于 Cl⁻ 的荧光传感检测。

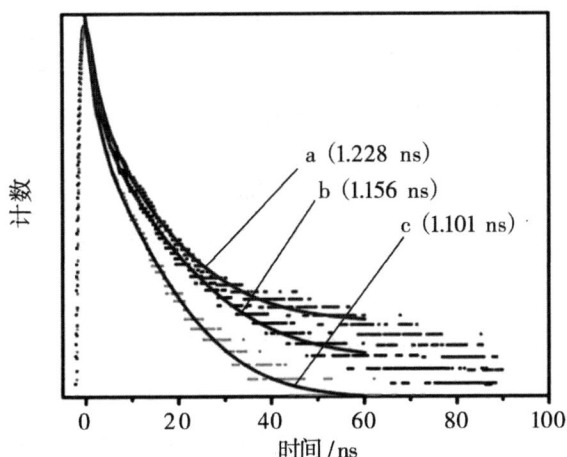

图 4 - 12　H - CN(a)、H - CN 吸附 Cl⁻ 后(b)、
Ag - CN 吸附 Cl⁻ 后(c)的瞬态荧光衰减曲线

光激发下,光生电子 - 空穴对传输路径可以通过不同气氛(空气、N_2 和 O_2)中测量 Ag - CN 吸附 Cl⁻ 的稳态表面光电压谱来进一步验证,结果如图 4 - 13 所示。由图可知,在 N_2 气氛中,光伏相对强度最强;在 O_2 气氛中,光伏相对强度最弱。因此可以合理推测 O_2 对光生电子具有捕获作用,而在空气气氛中,体系中被吸附的 Cl⁻ 能够有效捕获空穴,使电子能够转移到表面。这进一步验证了 Ag - CN 荧光猝灭过程中存在 PET 现象。

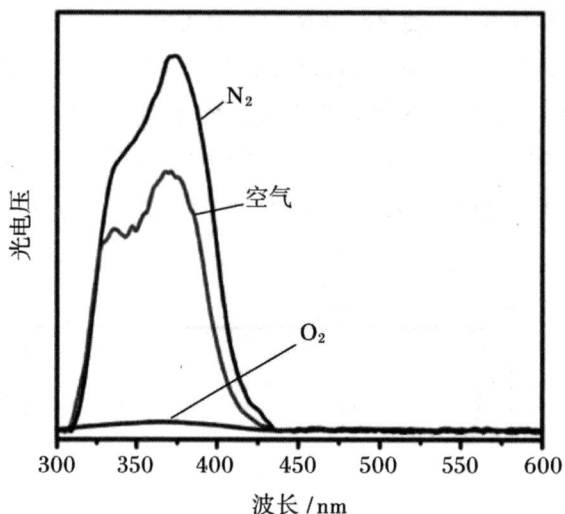

图4-13　不同气氛中 Ag-CN 吸附 Cl⁻ 的稳态表面光电压谱

根据以上全部实验结果的分析,绘制如图 4-14 所示的 Ag-CN 荧光检测 Cl⁻ 的机制示意图,以便更好地说明该荧光传感检测过程中的荧光猝灭机制。由图可知,Ag-CN 的荧光猝灭主要是因为吸附在样品表面的 Cl⁻ 大量捕获空穴,从而引发了 PET 效应;负载单质 Ag 可促进 Cl⁻ 在样品表面的选择性吸附,进而能够有效提升其检测性能。

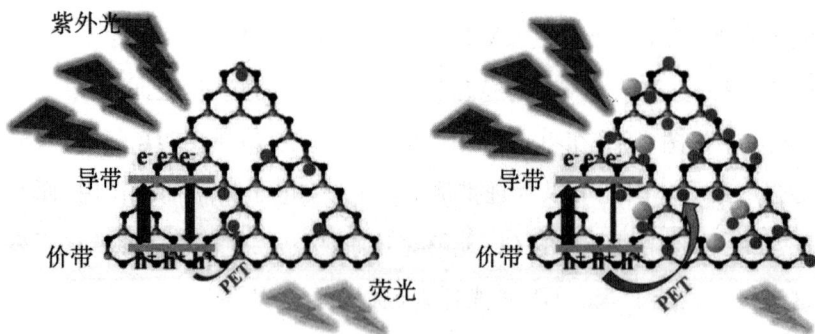

图4-14　Ag-CN 对 Cl⁻ 的荧光检测机制示意图

4.3 单原子 Zn 修饰氮化碳纳米片用于 PHE 荧光传感检测

4.3.1 单原子 Zn 修饰氮化碳纳米片的设计合成

(1)实验试剂和仪器

本节实验使用的实验试剂见表4-3。所有试剂均未经过二次纯化处理,实验用水均为二次蒸馏水。

表4-3 实验试剂

试剂名称	分子式	纯度
三聚氰胺	$C_3H_6N_6$	A. R.
三聚氰酸	$C_3H_3N_3O_3$	A. R.
硝酸	HNO_3	A. R.
硝酸铜	$Cu(NO_3)_2$	A. R.
硝酸锌	$Zn(NO_3)_2$	A. R.
硝酸锰	$Mn(NO_3)_2$	A. R.
硝酸钴	$Co(NO_3)_2$	A. R.
硝酸镍	$Ni(NO_3)_2$	A. R.
菲	$C_{14}H_{10}$	A. R.
甲醇	CH_4O	G. R.
乙醇	C_2H_6O	A. R.

续表

试剂名称	分子式	纯度
正丁醇	$C_4H_{10}O$	A. R.
萘	$C_{10}H_8$	A. R.
蒽	$C_{14}H_{10}$	A. R.
苯	C_6H_6	A. R.
间二甲苯	C_8H_{10}	A. R.
乙苯	C_8H_{10}	A. R.
联苯	$C_{12}H_{10}$	A. R.
对二甲苯	C_8H_{10}	A. R.
对二氯苯	$C_6H_4Cl_2$	A. R.
1,2-邻二氯苯	$C_6H_4Cl_2$	A. R.
对苯二酚	$C_6H_6O_2$	A. R.
3-硝基甲苯	$C_7H_7NO_2$	A. R.
苯胺	C_6H_7N	A. R.

注:A. R. 为分析纯;G. R. 为优级纯。

本章实验所使用的主要仪器设备列于表4-4中。

表 4 - 4　实验仪器

仪器与设备名称	型号
高温箱式电阻炉	SR2 - 4 - 10
恒温加热磁力搅拌器	DF101S
高速离心机	H1850
X 射线衍射仪	Bruker D8 Advance
傅里叶变换红外光谱仪	iS50 FT - IR
紫外 - 可见分光光度计	UV - 2700
扫描电子显微镜	S - 4800
透射电子显微镜	JEM - 2010
高性能多通道全自动比表面积与孔隙度分析仪	TriStar Ⅱ 3020
稳态/瞬态光谱仪	自行搭建
荧光分光光度计	LS55
高效液相色谱仪	安捷伦 1200
时间分辨荧光光谱仪	自行搭建
马弗炉	SX2 - 4 - 10
电子天平	AR1140/C
高角环形暗场扫描透射电子显微镜	FEI Titan 60 - 300 HAADF - STEM
同步辐射装置	Spring - 8 BL12B1
电感耦合等离子体 - 发射光谱仪	ICP - AES6300
X 射线光电子能谱仪	ESCALAB MK Ⅱ
光纤光谱仪	USB4000

（2）单原子 Zn 修饰氮化碳纳米片的合成方法

单原子 Zn 修饰氮化碳纳米片的制备采用前驱体引入的方式，即直接在三聚氰胺－三聚氰酸体系中加入 Zn^{2+}，通过可控组装法和进一步热缩聚法制备高负载量单原子 Zn 均匀修饰的氮化碳纳米片，具体的合成过程如图 4－15 所示。首先将三聚氰酸（4 g）与一定量的硝酸锌在加热条件（80 ℃）下均匀混合溶解于二次蒸馏水中；同时将三聚氰胺（10 g）同样加热（80 ℃）溶解到二次蒸馏水中；保持 80 ℃条件不变，将三聚氰酸与硝酸锌的混合液倒入三聚氰胺溶液中，持续搅拌 3 h 后冷却至室温，离心去上清液后，利用水和乙醇依次洗涤 3 次后在 60 ℃条件下烘干。将上述样品烘干研磨后放置于瓷舟中，将瓷舟放置于管式炉中，通入 N_2 保护，在 520 ℃条件下煅烧 4 h，升温速率为 1 ℃/min。之后，冷却至室温备用。将所得到的样品利用制备 H－CN 时所采用的热处理和酸处理方式进行二次高温煅烧处理和酸化处理，得到单原子 Zn 修饰的氮化碳纳米片样品记为 Zn－CN。

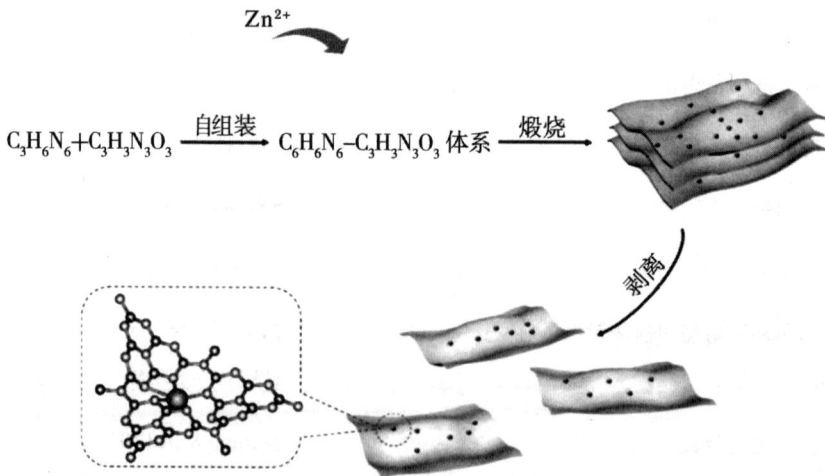

图 4－15　单原子 Zn 修饰氮化碳纳米片合成示意图

将前驱体中加入的硝酸锌替换成硝酸银、硝酸铜、硝酸镍、硝酸钴和硝酸锰等，然后重复上述合成方法可拓展得到其他金属修饰的氮化碳纳米片样品。

（3）测试与表征

利用 TEM 表征 g – C$_3$N$_4$ 样品的表面形貌和结构。利用 X 射线光电子能谱仪（EDS）获得合成样品的组成元素分布和比例。采用球差高角环形暗场扫描透射电子显微镜（HAADF – STEM）表征修饰在氮化碳纳米片表面的单原子金属的形态、结构和分布情况。利用 XPS 收集自由电子的动能信息，分析金属修饰氮化碳基纳米材料表面的元素组成和化学态，进而确定所修饰金属与 g – C$_3$N$_4$ 之间的界面作用关系。样品的 X 射线吸收近边结构（XANES）是在 Spring – 8BL12B1 型同步辐射装置上测定的。利用原位傅里叶变换红外光谱表征分子结构动态变化过程。单原子修饰的含量利用电感耦合等离子体 – 发射光谱仪（ICP – AES）测定。

（4）Zn – CN 的形貌/结构

采用前驱体引入的方式将纳米单原子尺度的 Zn 负载到氮化碳纳米片上，得到 Zn – CN 样品。图 4 – 16 为利用 TEM 表征修饰了纳米单原子尺度 Zn 的样品形貌的结果图。由图可知，Zn 的引入没有改变 H – CN 的二维多孔超薄纳米片层结构，Zn – CN 仍然呈现该结构。因为 Zn 的引入量较少，且呈现纳米单原子尺度，所以无法在 TEM 图中被观察到。为了确认引入的 Zn 单原子形态和分布情况，改用 HAADF – STEM 表征所合成的样品，结果如图 4 – 17 所示。图中，圆圈标记的亮点为均匀分散的 Zn 单原子。这表明大量 Zn 均匀负载在氮化碳纳米片表面。利用 EDS 对该样品进行详细的元素分析，得到图 4 – 18。该图也说明了大量 Zn 均匀负载在样品上。利用 ICP – MS 定量分析，进一步确认 Zn 的负载量可达 1.6%。

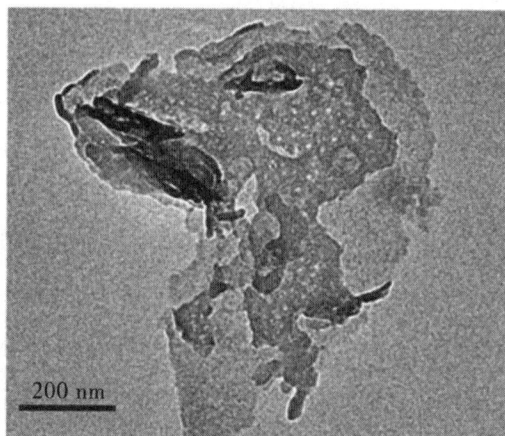

图 4 - 16   Zn - CN 的 TEM 图

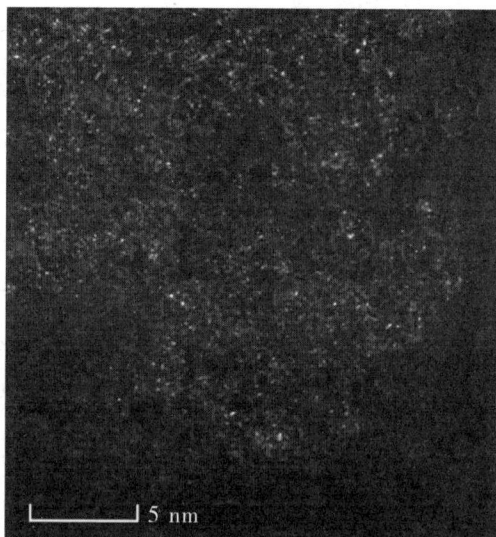

图 4 - 17   Zn - CN 的 HAADF - STEM 图

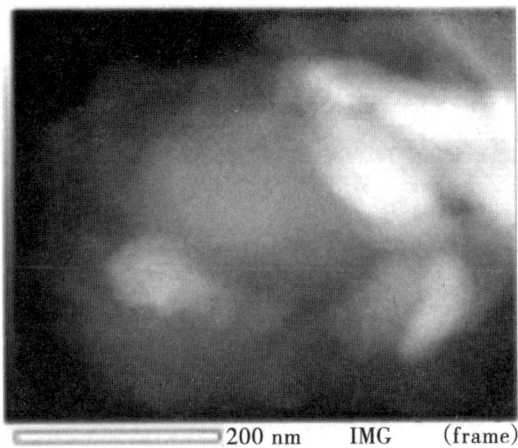

（a）

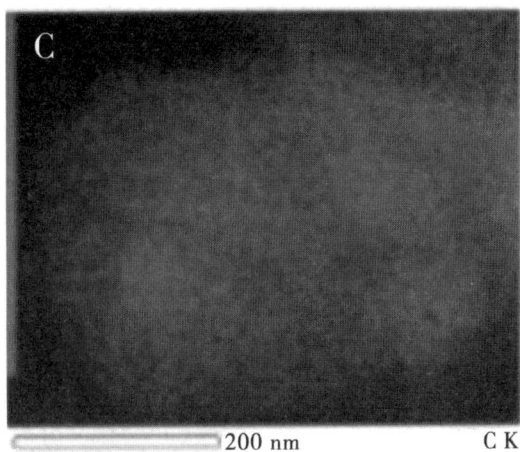

（b）

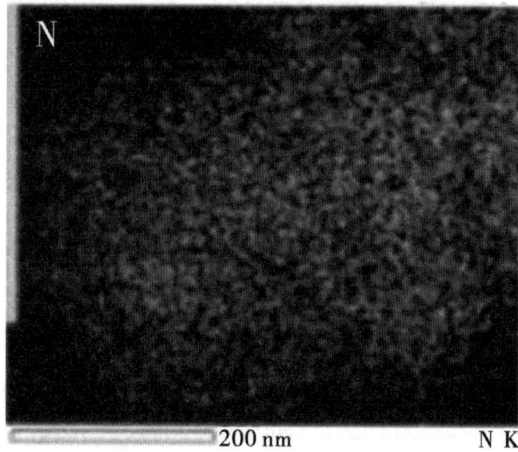

（c）

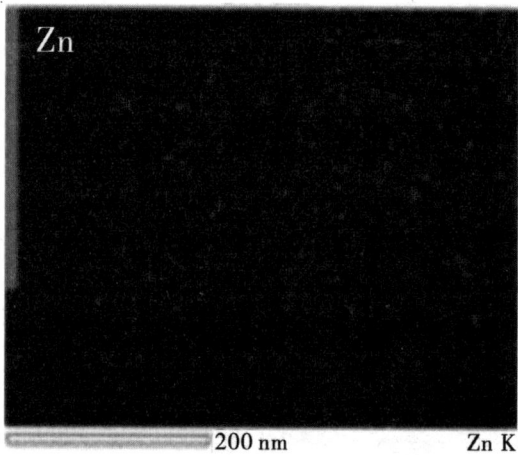

（d）

图 4-18　Zn-CN 及其组成元素（C、N、Zn）的 EDS 能谱

Zn-CN(a);C(b);N(c);Zn(d)

　　图 4-19 为利用原子力显微镜（AFM）对 Zn-CN 样品进行表征得到的 AFM 图。图 4-20 为 Zn-CN 的 AFM 图相应的高度图。从中可知，该样品的高度仅为 3 nm 左右，具有超薄的二维纳米片结构，非常利于后续待测分析物的吸附性检测与荧光传感性能检测。

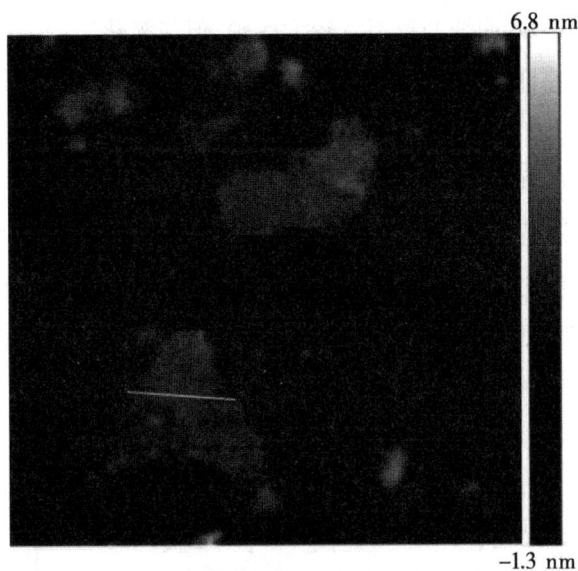

图 4-19 Zn-CN 的 AFM 图

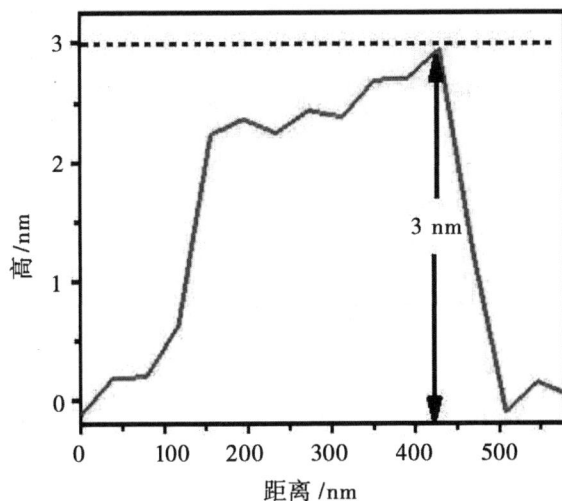

图 4-20 Zn-CN 的 AFM 图相应的高度图

　　为了分析 Zn 在 H-CN 中的价态和配位情况,选用锌箔作为参照物,绘制如图 4-21 所示的 Zn-CN 和锌箔的 Zn K-边 XANES 图与如图 4-22 所示的 Zn-CN 和锌箔的 Zn K-边 EXAFS 图。由图 4-21 可知,

Zn – CN 的 XANES 曲线与锌箔有较大区别,但与氧化态的 Zn^{2+} 形态相似,说明 CN 表面修饰的 Zn 不是以零价单质形式存在,而是以 Zn^{2+} 形式存在。由图 4 – 22 可知,Zn – CN 中虽然没有对应的 Zn—Zn 峰,但有 Zn—N 峰。图 4 – 23 为 Zn – CN 的小波变换图,表现出了与 Zn—N 的结合能接近的结合能,其价态为正二价,不存在 Zn—Zn 键,再次确认了所引入的 Zn 以单原子形式存在。通过具体实验数据拟合可确认 Zn 与 N 配位,配位数为 5。经理论计算模拟可得如图 4 – 24 所示的结构模型,即单原子 Zn 的五个配位原子嵌入到具有一个 N 空位缺陷的 H – CN 的空腔结构中。

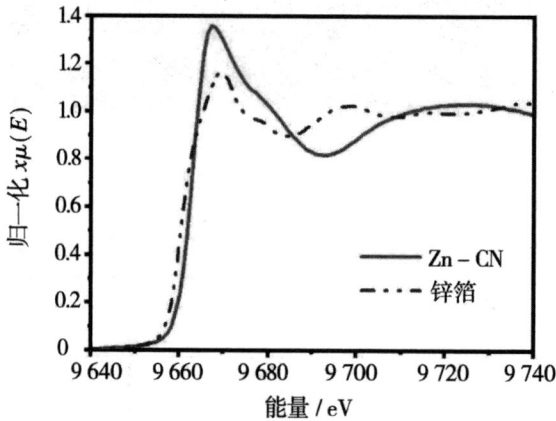

图 4 – 21　Zn – CN 和锌箔的 Zn K – 边 XANES 图

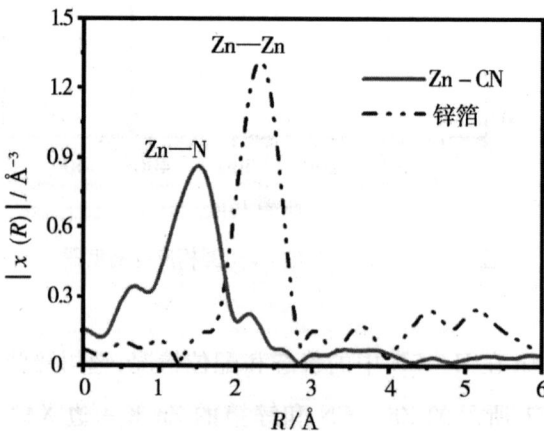

图 4 – 22　Zn – CN 和锌箔的 Zn K – 边 EXAFS 图

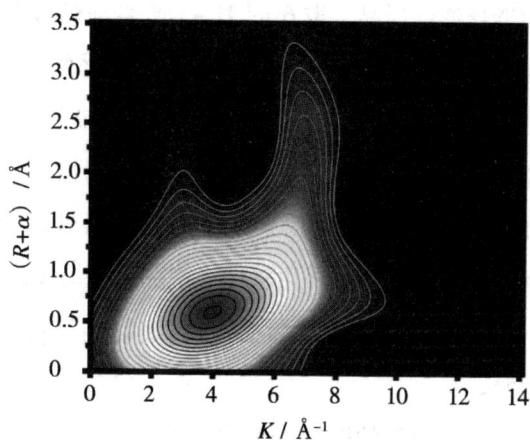

图 4 – 23　Zn – CN 小波变换图

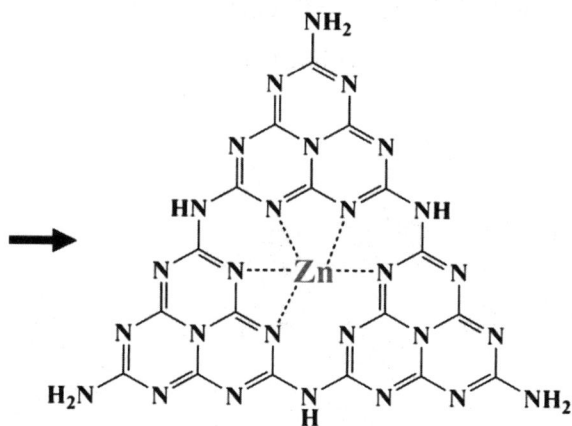

图 4 – 24　Zn—N$_5$ 模型示意图

4.3.2　荧光传感检测性能

（1）荧光检测性能分析技术

采用荧光光谱仪测试 Zn – CN 用于芳烃类有机污染物的荧光检测性能。由于有机污染物一般微溶于水，因此将待测物（例如对氯苯酚、PHE）

溶解于正丁醇有机溶剂中,配制浓度分别为 10 mg/L、20 mg/L、30 mg/L 的 H - CN悬浊液样品。取 6 ml H - CN 悬浊液样品与 2 mL 待测物溶液充分搅拌混合 5 min,待相互作用稳定后倒入比色皿,放入荧光光谱仪中进行荧光光谱的测试,以获取不同条件下荧光光谱的变化情况。

在实际环境检测中,大型荧光光谱仪不具备便携性,无法实现现场快速检测。因此,使用小型光纤光谱仪采集荧光光谱信号,并利用多模光纤实时传输信号,利用 LabVIEW 可视化软件实现荧光光谱的实时采集。在系统中输入 $g - C_3N_4$ 与待测物浓度间标准曲线,实时显示待测物浓度,同时完成超标浓度预警。

选用具有合适波长范围的微型 LED 作为激发光源,垂直照射到装有待测溶液的比色皿上。通过垂直光路,利用芯径为 600 μm 的多模光纤采集和传输荧光信号,将多模光纤与安装有数据分析软件的电脑连接,从而实时显示荧光光谱变化情况和待测物浓度信息。图 4 - 25 为待测物浓度参数实时界面,可以实时显示光谱信息和浓度信息。

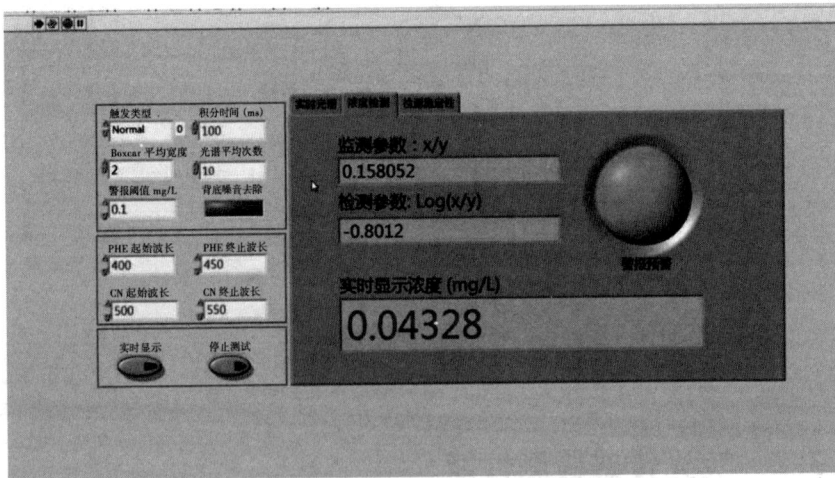

图 4 - 25　待测物浓度参数实时界面

通过内置的污染物浓度标准曲线,可以实现相应检测浓度的实时显示;当超过预设浓度上限时,便会触发预警,绿色按钮会立即变成红色,并

给出相应报警信号。光谱信号采集功能区程序如图 4 – 26 所示,数据实时
处理程序如图 4 – 27 所示。整体的程序可根据不同污染物的检测需求,以
及不同悬浊液荧光探针的区别进行个性化定制。

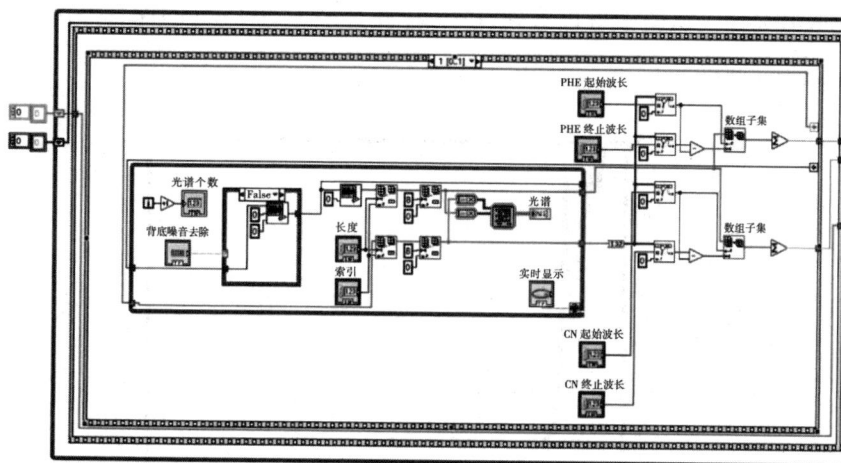

图 4 – 26　荧光光谱信号实时采集功能区程序图

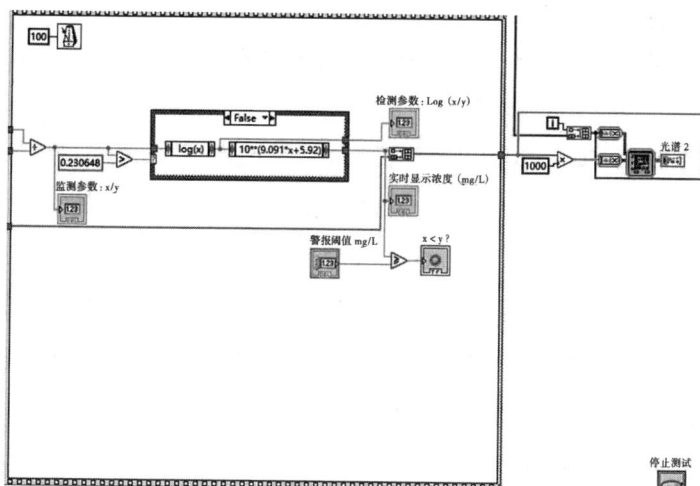

图 4 – 27　荧光光谱数据实时处理程序图

(2)荧光检测性能

为了获得最佳的荧光检测性能,首先对检测条件进行优化。配制正丁

醇 H–CN 悬浊液测试分析优化检测环境的影响。因为被测试的 PHE 本身会发射一定荧光,所以先对 PHE 的光学特性进行分析,并绘制 PHE 的紫外可见吸收光谱、荧光发射光谱和荧光激发光谱。图 4 – 28 为 PHE 的紫外可见吸收光谱。从图中可以看到,PHE 在波长小于 300 nm 的深紫外区域有较强的吸收峰。

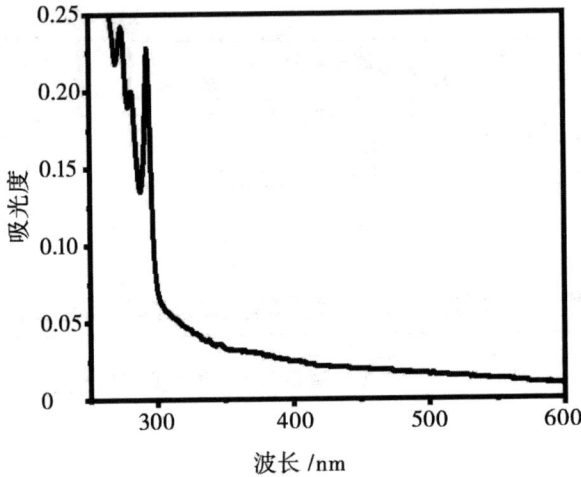

图 4 – 28　PHE 的紫外可见吸收光谱

　　PHE 可在 250～320 nm 的波长范围内被激发,其荧光光谱峰值波长在 400 nm 左右,其荧光激发光谱(a)和荧光发射光谱(b)如图 4 – 29 所示。通过第三章的分析可知,PHE 的紫外可见吸收光谱与 H – CN 的荧光激发光谱有部分重叠,这说明 PHE 与 H – CN 会产生 IFE 效应,从而导致荧光强度发生变化。同时,PHE 的荧光可以与 CN 的荧光相互作用,构建比率型荧光传感检测体系。因此,在选择体系的激发波长时,要综合考虑 H – CN 和 PHE 荧光激发的共同需求。

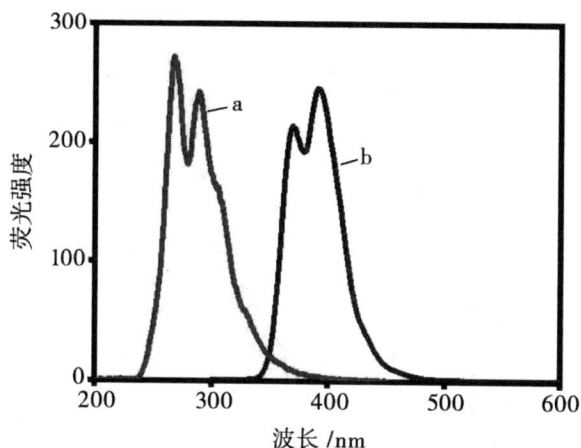

图 4-29　PHE 的荧光激发光谱(a)和荧光发射光谱(b)

本书对比分析了在多个激发波长(290 nm、295 nm、300 nm、320 nm、350 nm)作用下,正丁醇 H-CN 悬浊液在加入相同浓度(1 mg/L)PHE 时的荧光变化率。从图 4-30 可以看出,选用 290 nm 激发波长时,H-CN 的荧光变化率最高。因此,后续的研究中均选用 290 nm 作为传感检测体系的最佳激发波长,以实现高灵敏度的 PHE 检测。

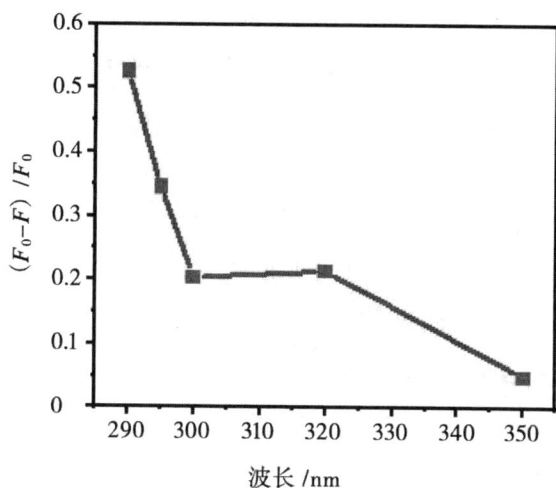

图 4-30　H-CN 在不同激发波长条件下的荧光变化率[$(F_0-F)/F_0$]

在配制正丁醇 H - CN 悬浊液进行检测时，H - CN 的浓度也是荧光检测结果的重要影响因素。因此，同样利用荧光变化率的变化趋势来筛选 H - CN 的最佳配比浓度，配制不同浓度（10 mg/L、20 mg/L、30 mg/L、40 mg/L、50 mg/L）的 H - CN 样品进行测试，结果如图 4 - 31 所示。

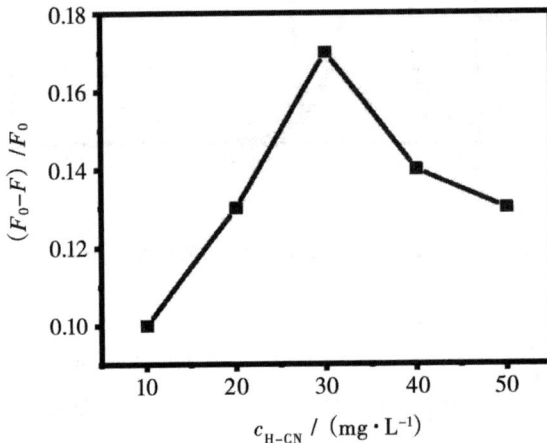

图 4 - 31　在不同浓度条件下，H - CN 的荧光变化率 $[(F_0 - F)/F_0)]$

从图中可以看出，当 H - CN 浓度为 30 mg/L 时，荧光变化率最高。因此，后续的实验中选取 30 mg/L 的 H - CN 浓度作为测试浓度。

在配制正丁醇 Zn - CN 悬浊液对 PHE 进行荧光检测时，Zn - CN 中 Zn 的修饰量也会影响荧光检测结果。因此，同样利用荧光变化率的变化趋势来筛选 Zn 最佳负载量。制备不同 Zn 负载量（0.10%、0.12%、0.16% 和 0.18%）的 Zn - CN 样品，并配制具有相同 H - CN 浓度（30 mg/L）的正丁醇 Zn - CN 悬浊液体系，对具有相同浓度（1 mg/L）的 PHE 进行测试，然后计算荧光变化率，得到图 4 - 32。从图中可以看出，当 Zn 负载量为 0.16% 时，荧光变化率最高。因此，后续的实验中选取 Zn 负载量为 0.16% 的 Zn - CN 作为测试样品。

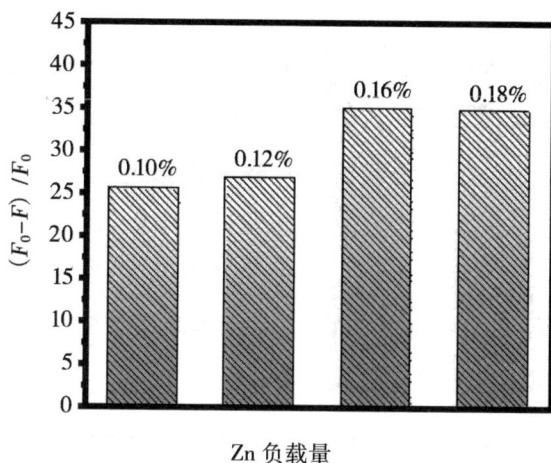

图 4-32 H-CN 在不同 Zn 负载量条件下的荧光变化率 $[(F_0-F)/F_0]$

与多环芳烃荧光检测类似,首先利用 H-CN 对 PHE 进行检测,在 290 nm 紫外光激发下得到图 4-33 所示的 H-CN 在不同浓度 PHE 存在条件下的荧光强度变化情况。图中箭头指向 PHE 高浓度方向,由图可知,随着 PHE 浓度的增加,H-CN 的荧光强度逐渐降低,而荧光光谱形状没有发生变化。但需要注意的是,PHE 自身也发射荧光,随着其浓度变大,荧光强度逐渐升高。

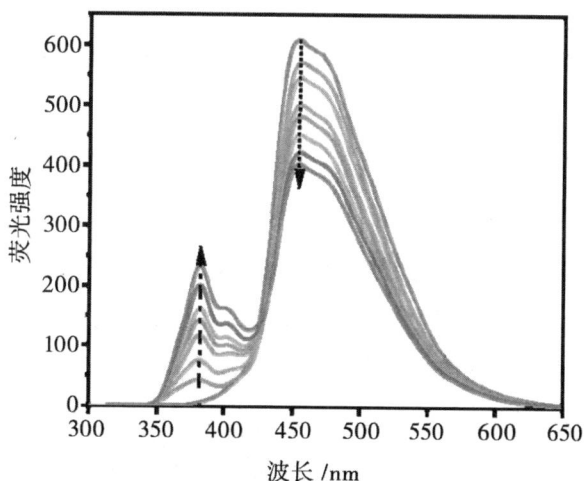

图 4-33 H-CN 在不同浓度 PHE 存在条件下的荧光光谱

利用 Stern – Volmer 方程定量描述荧光强度的变化所对应的待测物浓度值。将不同 PHE 浓度点对应的荧光光谱峰值提取拟合后可以得到如图 4 – 34 所示的 H – CN 荧光强度与 PHE 浓度之间的线性关系图。从该图中可以得知,H – CN 用于 PHE 荧光检测的范围在 0.500 ~ 5.000 mg/L 之间,得到的 LOD 为 0.132 mg/L。K 值为 0.101,R^2 值达到 0.992。虽然 LOD 在毫克量级,但实际应用可能要求微克量级甚至纳克量级的 LOD。因此,传感检测性能还有很大的优化空间。

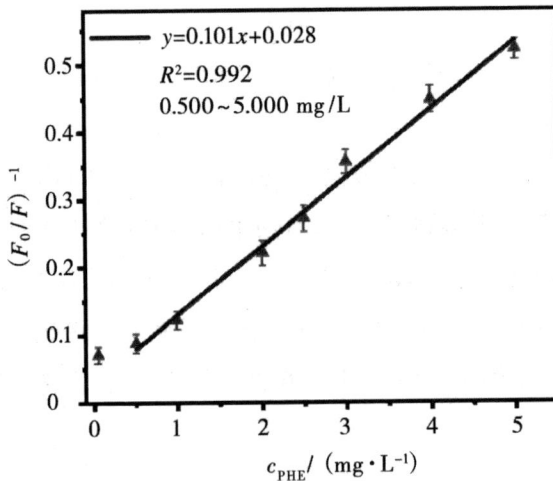

图 4 – 34 H – CN 荧光强度与 PHE 浓度的线性关系图

在实际检测中,以单一荧光信号响应分析待测物浓度时,易受到激发光源、信号和环境等多种因素影响,采用双荧光响应信号的比率型荧光检测方法能有效避免系统误差,提升传感检测能力。图 4 – 35 为 H – CN 荧光检测 PHE 的比率型拟合曲线。从中可知,利用 PHE 与 H – CN 的双荧光信号对 PHE 浓度进行分析后,H – CN 对 PHE 的荧光检测范围可拓展为 0.050 ~ 5.000 mg/L,LOD 可低至 0.015 mg/L。通过以上分析可知,H – CN 具有一定的 PHE 荧光检测能力,而且如果利用 PHE 自身荧光发射的比率型测试方法,其检测性能会有较大幅度的提升。

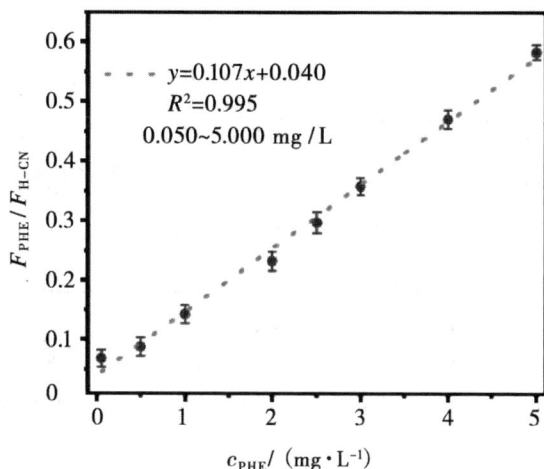

$y=0.107x+0.040$
$R^2=0.995$
$0.050 \sim 5.000$ mg/L

图 4 - 35　H - CN 荧光检测 PHE 的比率型拟合曲线

考虑到 PHE 超灵敏度和高选择性检测的需求,在 H - CN 上进一步修饰单原子 Zn 以提升 H - CN 的荧光传感响应。用 Zn - CN 替换 H - CN 样品,重复上述检测实验。图 4 - 36 为 Zn - CN 在不同浓度 PHE 存在时的荧光光谱。从中可知,随着不同浓度 PHE 的加入,Zn - CN 的荧光光谱变化规律与 H - CN 相同,都发生了荧光强度的降低。从荧光光谱中可以直观看到,Zn - CN 的荧光强度降低幅度更加明显。

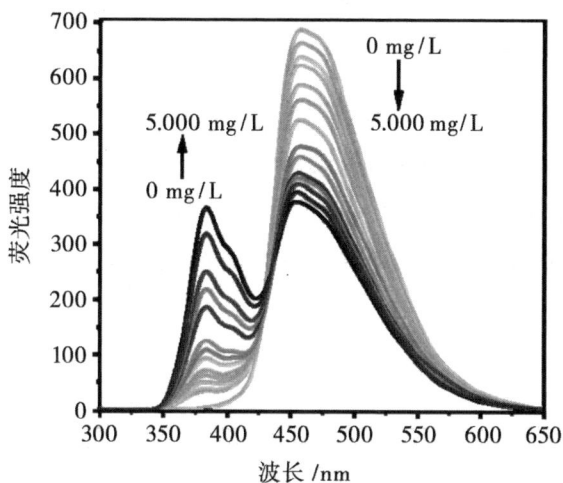

图 4 - 36　Zn - CN 在不同浓度 PHE 存在时的荧光光谱

利用比率型双对数 Stern – Volmer 方程进行拟合后,可以确定 Zn – CN 对 PHE 的荧光检测范围。从图 4 – 37 所示的 Zn – CN 荧光检测 PHE 比率型对数拟合曲线中可以看出, Zn – CN 对 PHE 的荧光检测范围可拓展为 1.000 ng/L ~ 5.000 mg/L,LOD 低至 0.350 ng/L。

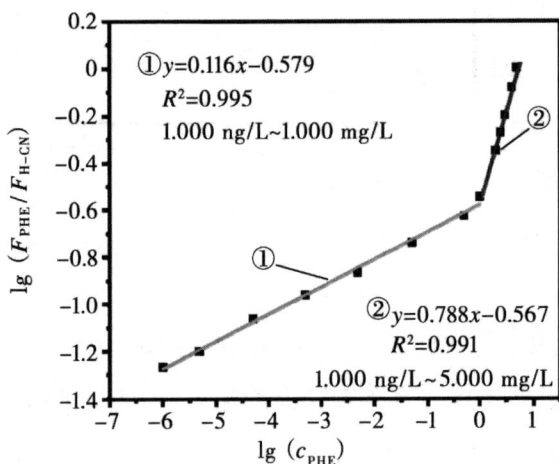

图 4 – 37　Zn – CN 荧光检测 PHE 比率型对数拟合曲线

阳离子 π 键的作用有利于 Zn – CN 与 PHE 发生吸附作用,理论上能进一步提升 Zn – CN 对 PHE 的荧光检测性能。实验中, Zn – CN 对 PHE 的荧光响应能力证实了这一推测。

在实际环境中,芳烃类污染物种类繁多,特别是一些类多环芳烃类污染物与 PHE 构型类似,容易对荧光信号产生多种影响。针对 PHE 实际所处环境和可能存在的干扰物,选择了多种可能同时存在的类似结构污染物,分析其与 PHE 共存时, Zn – CN 对 PHE 的选择性检测能力。检测结果如图 4 – 38 所示。

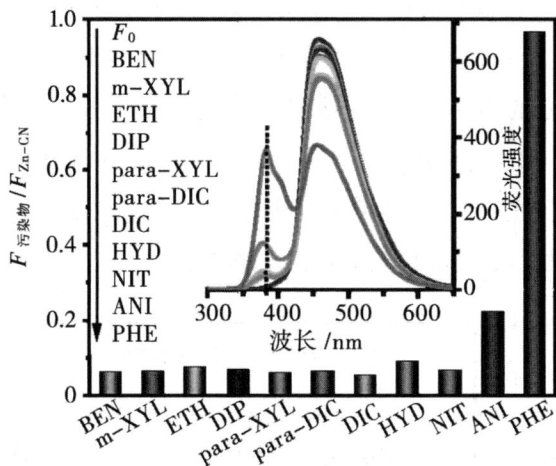

图 4 - 38　在类多环芳烃类有机污染物干扰下,Zn - CN 对 PHE 检测的荧光响应影响

在加入同样浓度 PHE 和其他污染物时,Zn - CN 的荧光响应情况对比如图 4 - 39 所示。从图 4 - 38 与图 4 - 39 中可以清晰地观察到,Zn - CN 的荧光强度受其他污染物影响较小,对 PHE 表现出良好的选择性荧光猝灭响应。

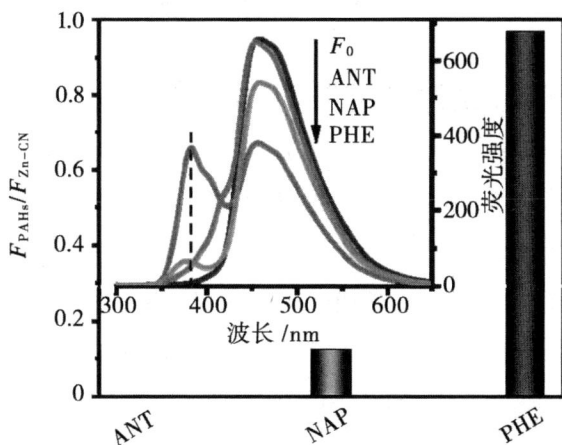

图 4 - 39　在类多环芳烃类有机污染物干扰下,Zn - CN 对 PHE 检测的荧光响应影响

在实际检测环境中,现场快速检测的需求巨大。利用第三章提到的便

携式荧光全光纤传输传感检测系统对 PHE 进行检测,利用比率型双对数
Stern – Volmer 方程进行拟合,可以确定 Zn – CN 对 PHE 的荧光检测范围。
从图 4 – 40 所示的 Zn – CN 荧光检测 PHE 比率型对数拟合曲线中可以看
出,Zn – CN 对 PHE 的荧光检测范围为 50.000 ng/L ~ 5.000 mg/L,检测能
力稍逊于大型荧光光谱仪,但仍可以实现现场快速检测,非常有利于氮化
碳基纳米功能材料在实际传感检测领域的应用。

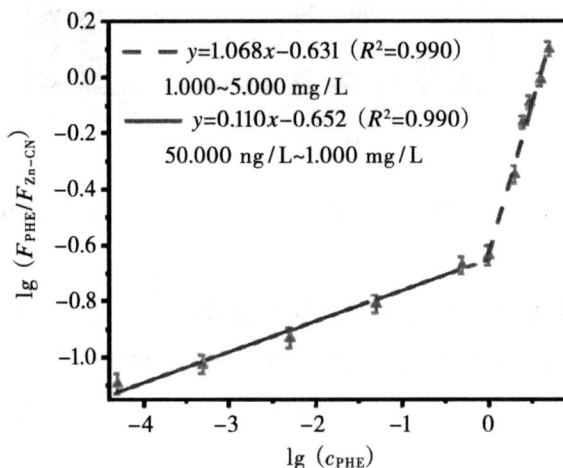

图 4 – 40　Zn – CN 荧光检测 PHE 比率型对数拟合曲线

4.3.3　传感检测性能提升机制分析

在进一步深入分析金属修饰氮化碳基纳米材料的检测机制时,进行吸
附动力学测试和吸附等温曲线实验,分析金属修饰后的氮化碳基纳米材料
对特定待测物的选择性吸附作用。实验步骤与第三章相同。除实验数据
分析以外,本章还采用密度泛函理论对氮化碳基纳米材料与待测物之间的
作用方式和选择性吸附能力做了相应的理论计算。

在分析金属修饰氮化碳纳米片荧光检测时的荧光猝灭机制时,同样采
用瞬态荧光光谱仪测试,进而判断荧光猝灭的过程类型。瞬态吸收光谱
(μs – TAS)是研究发光或者非辐射复合等过程中发生的激发态的弛豫过
程的有力工具,可以深入揭示光生电子转移等超快动力学过程,有利于加

深对 $g-C_3N_4$ 电荷转移动力学的理解,阐明 PHE 对 $Zn-CN$ 的荧光猝灭机制。通常,$g-C_3N_4$ 的电子信号分布在 700~900 nm 的范围内,所以本书采用 355 nm 脉冲激光激发,选择 900 nm 作为检测波长。$\mu s-TAS$ 的幅度正比于 $g-C_3N_4$ 材料中电子的浓度,所以电子转移必然会引起 $\mu s-TAS$ 幅度降低,即 PET 效应。除此之外,IFE 也会减弱 $g-C_3N_4$ 接收的激发光强度,从而降低材料中激发态的电子浓度。也就是说,引起激发态电子数量降低的原因,一方面可能是 PET 作用,另一方面可能是激发光能量被 PHE 吸收,这可以揭示 IFE 的荧光猝灭机理。因此,通过 $\mu s-TAS$ 测试,可以确认电子转移的过程与方向,揭示 PET 与 IFE 的荧光猝灭机制。

　　从传感检测性能的实验结果可以看出,通过单原子 Zn 修饰所合成的 $Zn-CN$ 表现出了优异的 PHE 荧光检测性能。为更好地将金属修饰氮化碳纳米片应用于荧光传感检测,现对传感检测性能提升背后的机制进行分析。首先,从氮化碳基纳米材料与 PHE 之间的相互作用——吸附行为出发,分别开展了 $H-CN$、$Zn-CN$ 对 PHE 的吸附动力学和吸附等温曲线实验。实验结果分别如图 4-41 和图 4-42 所示。

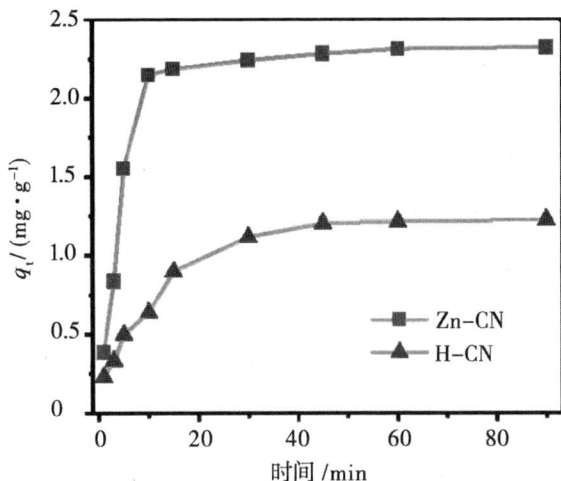

图 4-41　298 K 下 $H-CN$ 和 $Zn-CN$ 样品对 PHE 的吸附动力学曲线

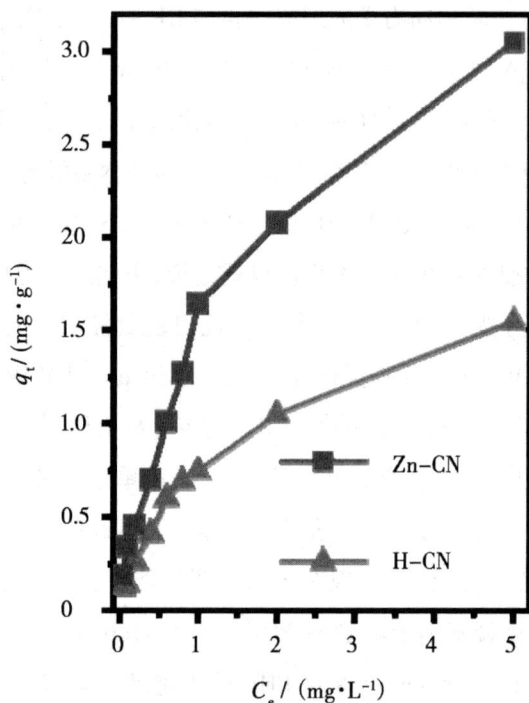

图 4-42　298 K 下 H-CN 和 Zn-CN 样品对 PHE 的吸附等温曲线

　　从图中可以清晰地看出,相同时间内 Zn-CN 对 PHE 的吸附量更多,
Zn-CN 在较短时间(约 10 min)内即可达到吸附平衡,相同浓度 PHE 状态
下 Zn-CN 的吸附能力可以达到未修饰样品 H-CN 的 2 倍。这说明引入
Zn 单原子增强了氮化碳纳米片对 PHE 的吸附作用。将两个样品的吸附动
力学曲线的相关参数利用准二级方程拟合后得到表 4-5。由表可知,
Zn-CN 与 H-CN 的 R^2 均在 0.995 及以上,说明拟合效果好,也说明 PHE
在样品上的吸附作用符合准二级吸附模型,以化学吸附为主。

表 4-5　H-CN 和 Zn-CN 对 PHE 的准二级吸附动力学的参数

吸附剂	温度	方程	$q_e/(\mathrm{mg \cdot g^{-1}})$	$k_2/(\mathrm{g \cdot mg^{-1} \cdot min^{-1}})$	R^2
Zn-CN	25 ℃	$y = 0.411x + 1.354$	2.433	0.125	0.998
H-CN	25 ℃	$y = 0.739x + 5.717$	1.353	0.096	0.995

　　吸附等温曲线的相关参数列于表4-6。从表中可以看出,PHE在Zn-CN上的吸附过程不符合单一的吸附模型,而是受到吸附量的影响。当PHE的浓度极低时,吸附过程符合Henry模型,即单分子层吸附模型;当PHE的浓度逐渐增加,吸附过程符合Freundlich模型,即多分子层吸附模型。

表4-6　Zn-CN对PHE等温吸附模型的拟合参数

样品	Henry 模型		Freundlich 模型			Henry - Freundlich 模型					
						Henry 模型		Freundlich 模型			
	浓度范围/(μmol·L^{-1})										
	0~5		0~5			0~1		1~5			
	K_H/(L·g^{-1})	R^2	K_F/(L·g^{-1})	$1/n$	R^2	K_H/(L·g^{-1})	R^2	K_F/(L·g^{-1})	$1/n$	R^2
Zn-CN	0.566	0.871	1.586	0.624	0.983	1.456	0.995	3.521	0.386	0.997

　　进一步采用电子局域函数及电荷密度差分进行计算,结果表明PHE中心位置相邻的两个碳原子同时与Zn-CN中的Zn原子产生ZnC$_2$的阳离子π键作用,由此可得如图4-43所示的Zn-CN对PHE吸附模型(侧视图)。阳离子π键作用可以有效提升Zn-CN对PHE的吸附作用。理论模拟计算结果也验证了这一结论,Zn-CN对PHE的吸附能(2.20 eV)要远大于修饰前H-CN对PHE的吸附能(1.14 eV)。吸附能越大,说明Zn-CN与PHE之间的相互作用力越强。因此,通过金属修饰提升氮化碳纳米片对待测物的吸附能力是提升其传感检测性能的有效策略之一。值得注意的是,通过对比如图4-44所示的Zn-CN对其他芳烃类有机污染物的吸附能的理论模拟计算结果,可以明显发现Zn-CN对PHE的吸附能远高于其他同类型污染物。其中,Zn-CN对乙苯、蒽、萘、联苯、苯五种分子通过Zn-C的离子型相互作用吸附,对苯胺通过Zn-N的离子型相互作

用吸附。因此从理论计算角度可论证 Zn – CN 通过特殊的 Zn – C$_2$ 阳离子 π 键作用对 PHE 表现出较强的化学选择性吸附能力。这也从侧面解释了 Zn – CN 对 PHE 具有超高选择性检测性能的原因。

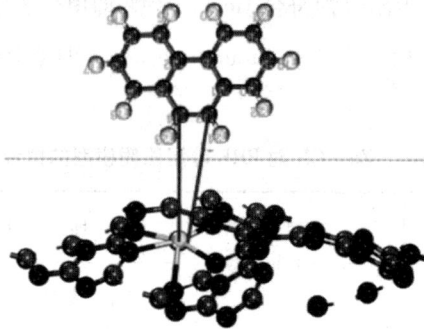

图 4 – 43   Zn – CN 对 PHE 吸附模型(侧视图)

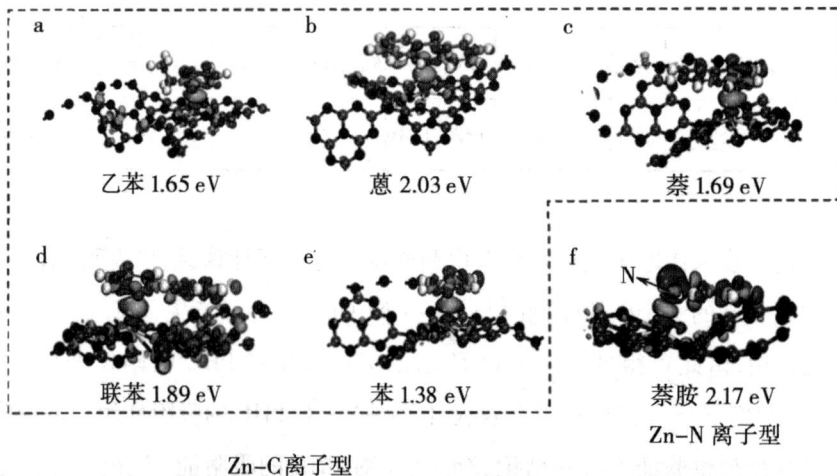

图 4 – 44   Zn – CN 样品对其他芳烃类有机污染物的吸附能的理论模拟计算结果

此外,进一步测试多种其他金属修饰的氮化碳纳米片样品对 PHE 的吸附等温曲线,测试结果如图 4 – 45 所示。从中可以看出,相对于 Cu、Ni、Co、Mn 等其他金属修饰的样品,Zn – CN 对 PHE 的吸附能力最强,即具有最高的吸附量和吸附率。因此,在对 PHE 的选择性荧光传感检测中,选择 Zn 作为功能金属引入氮化碳纳米片能起到最大传感性能改善作用。

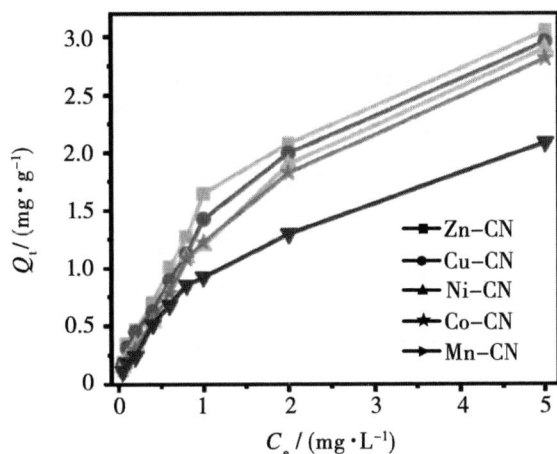

图 4-45 298 K 下不同金属修饰的氮化碳纳米片样品对 PHE 的吸附等温曲线

同时,原位红外光谱也可用于深入揭示单原子 Zn 引入对 PHE 的吸附作用影响。如图 4-46 所示,Zn-CN 达到对 PHE 的吸附平衡后,在 1 230 cm^{-1}、1 310 cm^{-1}、1 400 cm^{-1}、1 450 cm^{-1} 和 1 560 cm^{-1} 多个位置的振动峰都发生了蓝移,这说明 Zn-CN 与 PHE 之间发生了化学作用,两者间的吸附是一种化学吸附。此外,在 1 280 cm^{-1} 和 1 430 cm^{-1} 两个位置出现了新的峰位,它们归属于 g-C$_3$N$_4$ 平面结构内的三-s-三嗪环的 C—N 键,说明修饰单原子 Zn 后,Zn-CN 对 PHE 的吸附影响了 C—N 键的伸缩振动,进一步验证了 Zn-CN 与 PHE 之间增强的化学吸附作用。

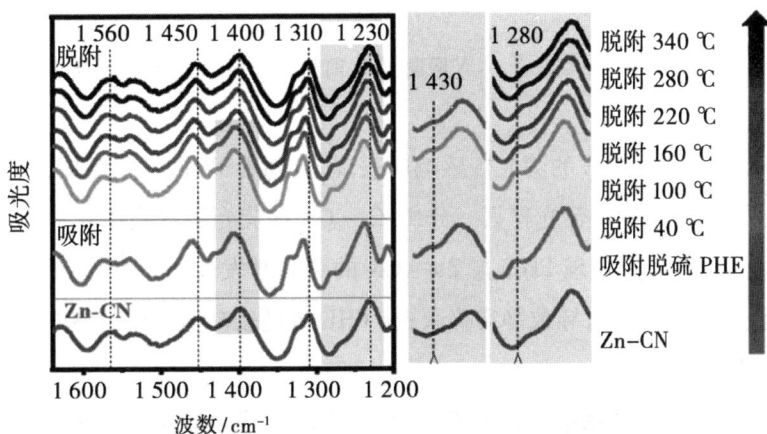

图 4-46 Zn-CN 对 PHE 吸附前、吸附饱和后、程序升温吹扫过程的原位红外光谱图

XPS 能谱可用于进一步揭示 Zn - CN 与 PHE 发生化学吸附作用后的材料结构组成和化学态的变化情况。图 4 - 47 为 Zn - CN 吸附 PHE 前后的 N 1s 谱。对比可发现 Zn—N 键吸附能有所减少，说明了 PHE 是通过 Zn—N 键被化学吸附到 Zn - CN 表面的。这一结果也与前面理论计算得到的 Zn—N$_5$ 配位结构相一致。

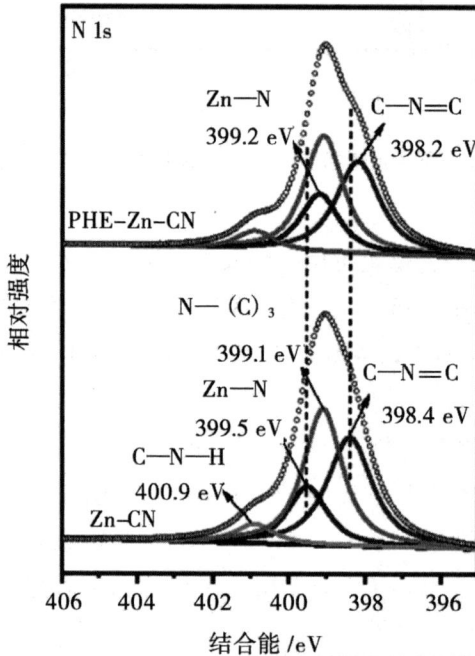

图 4 - 47　Zn - CN 吸附 PHE 前后的 N 1s XPS 谱图

Zn - CN 对 PHE 的荧光传感响应表现为：随着 PHE 浓度增加，Zn - CN 荧光强度降低，发生荧光猝灭。分析 Zn - CN 的荧光激发光谱和 PHE 的紫外可见吸收光谱，发现 PHE 与 Zn - CN 的荧光激发光谱重叠，可吸收其激发光，进而产生 IFE，导致静态猝灭；在 PHE 浓度较高时，Zn - CN 的荧光猝灭以 IFE 为主。

在 Zn - CN 体系中加入不同浓度的 PHE，记录荧光衰减过程并计算荧光寿命的变化，结果如图 4 - 48 所示。从中可以看出，加入 5. 000 μg/L 超低浓度的 PHE 时,Zn – CN 荧光寿命大幅度缩短;随着 PHE 浓度逐渐增加,Zn – CN 荧光寿命进一步缩短,但相对减少幅度变小。瞬态荧光光谱结果验证了 Zn – CN 与 PHE 作用过程中存在动态荧光猝灭,即 PET 效应,而且在超低浓度下,PET 效应更强。

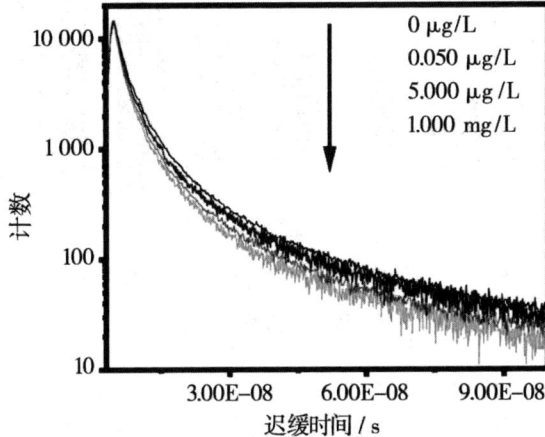

图4 – 48   Zn – CN 加入不同浓度 PHE 下的时间分辨荧光衰减曲线

为量化分析 PET 在荧光传感检测中的具体作用,对比分析在 Zn – CN 中加入不同浓度 PHE 下的荧光强度的比值(F_0/F)和平均寿命的比值(τ_0/τ),分析结果如图 4 – 49 所示。由图可知,在超低浓度 PHE 检测时,PET 对荧光的猝灭作用影响显著;随 PHE 浓度增加,IFE 渐渐起到主导作用。这说明了引入单原子 Zn 有效提升了氮化碳纳米片在超低浓度 PHE 时发生的单分子层吸附效应,有效促进了 PET 作用,进一步提升了检测性能;而在较高浓度时,多分子层吸附效应占主导,IFE 是荧光猝灭的主要诱因。

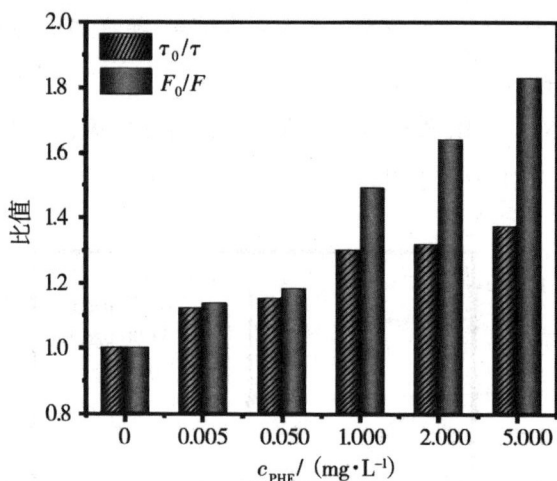

图 4 – 49　Zn – CN 中加入不同浓度 PHE 下的荧光强度的
比值（F_0/F）和平均寿命的比值（τ_0/τ）

　　根据以上全部实验和理论的分析,绘制了如图 4 – 50 所示的 Zn – CN
对 PHE 的检测机制示意图,以便更清晰地说明 Zn – CN 对 PHE 的荧光传感
检测过程中存在的荧光猝灭机制。

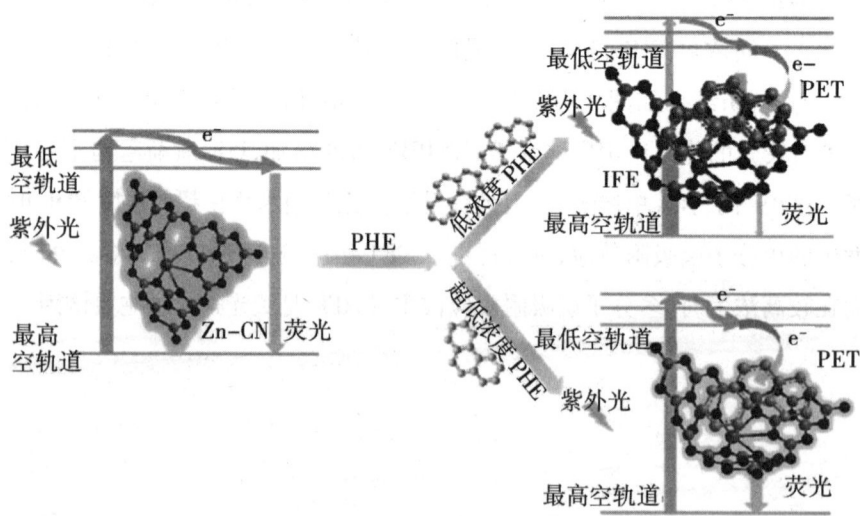

图 4 – 50　Zn – CN 对 PHE 的检测机制示意图

4.4　本章小结

本章成功采用金属修饰的调控策略改善氮化碳基纳米材料的荧光传感检测性能,对金属引入与传感检测性能间的构效关系及荧光传感响应机制进行了深入的研究。主要研究内容分为两部分:

(1)利用简单易操作的浸渍法在 H－CN 上成功负载 Ag 单质。通过 Ag 与 Cl⁻ 的强配位作用,提供更多的活性吸附位点和利于电荷转移的作用路径,以改善 g－C₃N₄ 对 Cl⁻ 的吸附作用和 PET 过程,进而大幅度提升其对 Cl⁻ 的荧光传感检测性能。同时,瞬态荧光光谱和不同气氛条件下的表面光电压谱等实验结果验证了 Ag－CN 对 Cl⁻ 荧光检测过程中的作用机制为 PET 效应。

(2)通过在前驱体中直接引入过渡金属 Zn 的方式,利用富氮前驱体的聚合和 Zn²⁺ 的自组装作用,成功制备了具有高负载量且分散均匀的 Zn－CN。Zn 单原子与 H－CN 直接通过五配位的 Zn—N 键连接,理论模拟的结果验证了该构型。引入超高原子利用率的单原子 Zn 增强了其与 PHE 之间的选择性吸附作用。即使是在多种类多环芳烃共存的情况下,Zn－CN 仍对 PHE 表现出了超高程度的选择性吸附行为。此外,利用 PHE 与氮化碳纳米片两者的双荧光信号,发展了一种一升一降比率型荧光检测方法,实现了对 PHE 高选择性、超灵敏度的荧光检测(LOD 低至 1.000 ng/L)。利用原位红外光谱、瞬态荧光寿命光谱和 μs－TAS 等多种手段,分析了 PHE 荧光检测过程中的选择性吸附和荧光响应作用机制,为发展单原子金属修饰的高效氮化碳基纳米传感材料提供了新的发展思路。

第 五 章

高结晶氮化碳纳米材料的设计合成
及其光电气敏检测应用

5.1　引言

高浓度的 N_2、甲烷、乙烷、乙烯、CO、氰化氢、硫化氢等窒息性气体,能造成机体缺氧(血液窒息和细胞窒息); Cl_2、NH_3、氮氧化物、光气、HF、SO_2、三氧化硫和硫酸二甲酯等刺激性气体,对眼睛和呼吸道黏膜有刺激作用,进入人体后,会引起黏膜充血、水肿和分泌物增加,发生化学性炎症反应。这些有害气体来源于生活的方方面面,如汽车的尾气、工厂的排烟以及各种工业生产活动的排气。人们长期暴露在被污染的空气中,可能导致肺癌、哮喘、过敏、心脏病、中风等身体健康问题发作或恶化。因此,可检测周围环境有害气体排放的设备的需求日益增长。在目前已开发的各种传感器中,由半导体作为传感材料制成的化学电阻式气体传感器是最常见的气体检测工具之一。

20 世纪初第一个半导体传感器诞生于英国,并一直在欧洲发展和应用。工业气敏传感器的开发始于 20 世纪 50 年代。此后,气敏材料的设计和开发取得了空前的发展。在过去的几十年里,各种优秀的、形貌大小从原子/分子水平到几百纳米不等的传感材料被开发,极大地丰富了传感材料库。其中,金属氧化物半导体一直是化学气体传感器的研究对象。这种类型的化学气体传感器通常需要较高的工作温度才能加速检测过程中涉及的表面电化学反应,并在表面上提供足够的电荷密度来活化吸附氧与检测气体的反应。常规的热活化金属氧化物半导体气体传感器工作温度在 175~500 ℃。然而,高工作温度会导致传感器存在一些不可避免的问题,例如:高工作温度导致传感器的使用寿命变短、灵敏度下降;检测 H_2、甲烷等易燃易爆气体存在危险性。因此,人们投入了大量的研究工作来开发可以在室温,甚至低温工作的气体传感器。

在这方面,光电气体传感器具有天然优势。它可以利用光激发作为热激发的替代方法。利用不同的激发光源照射传感材料,通过调节材料中的光载流子浓度来改变表面电子性质,从而促进分子与传感层之间的相互作用,提高传感器灵敏度。此外,光激发对于优化传感器的选择性和响应恢复速度也非常有用。

传统化学电阻式气敏传感器存在灵敏度、响应速度和恢复特性有限的客观问题,所以开发具备高效电荷分离和丰富吸附活性位点的新型光电气敏传感器成为这些问题的有效解决策略。这是一个极具挑战性的任务。利用可见光激发代替热激发提升半导体材料的载流子浓度,为实现高灵敏、低检出限、低电压、室温下 NO_2 的高效检测提供了新途径。$g-C_3N_4$ 作为理想的可见光响应材料,具有如图 5-1 所示的稳定性好、成本低廉、易于制备调控等众多优势。因此,它也可作为 NO_2 光电气敏检测的理想传感材料。

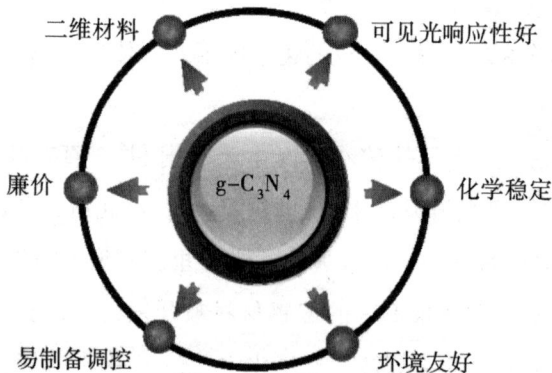

图 5-1　$g-C_3N_4$ 作为光电气敏检测传感材料的优势

　　然而,通过传统高温热缩聚富氮前驱体方式合成的 $g-C_3N_4$,在热缩聚过程中受脱胺动力学的阻碍,易导致缩聚不完全、局部有序度较低(结晶度差),因此所合成的样品容易成为导电性较差的低结晶氮化碳材料。而通过共晶熔盐法制备的基于庚嗪的高结晶氮化碳——PHI,则具有独特的纳米尺寸片层结构、高结晶度、良好的导电性、优异的可见光响应性。PHI 的七嗪环通过脱质子酰亚胺连接,其电荷由熔融盐中的金属阳离子作为对抗离子来平衡,最终实现电子平衡。因此,PHI 在室温光电气敏传感材料方面展现出巨大的应用潜力。

　　本章将聚焦于开发室温光电气敏传感器的关键性问题——提高光生电荷分离能力、增加载流子浓度,重点介绍以光电气敏传感检测应用为导向的 PHI 的设计合成,初步研究 PHI 在 NO_2 的光电室温气敏检测性能方面的表现,并深入分析 PHI 在光电气敏检测中的传感增强机制。这些研究旨在为设计合成高效的半导体光电气敏材料提供有效的改进策略指导。

5.2　高结晶氮化碳纳米材料的设计合成

5.2.1　高结晶氮化碳纳米材料及其传感器件的制备

(1)实验试剂和实验仪器

　　本节实验所用的实验试剂见表 5 - 1。所用试剂的纯度规格都是分析纯(A.R.),未经二次处理。部分使用的实验仪器见表 5 - 2。

表5-1　实验试剂清单

试剂名称	分子式
三聚氰胺	$C_3H_6N_6$
三聚氰酸	$C_3H_3N_3O_3$
硝酸	HNO_3
氯化锂	$LiCl$
氯化钾	KCl
硝酸钾	KNO_3

表5-2　部分实验仪器

仪器与设备名称	型号
真空冷冻干燥机	LGL-10
气敏传感器测试系统	JF02E
超声波清洗机	KQ-250B
电化学工作站	PG STAT101
紫外-可见分光光度计	UV-2700

（2）PHI 的制备

将 5 g 三聚氰胺在管式炉中，在 N_2 条件下以 5 ℃／min 的升温速度加热至 550 ℃并恒温 8 h。之后冷却到室温，然后通过二次高温煅烧得到剥离的氮化碳纳米片，呈现粉末状。将制备的粉末状氮化碳纳米片和 KCl／LiCl 共晶盐（质量比为 1∶10）仔细研磨并充分混合，然后转移到管式炉中，

在 N_2 气氛中以 2 ℃ /min 的升温速度加热至 550 ℃并恒温 4 h。之后再冷却到室温,然后用大量去离子水洗涤并离心收集。干燥后得到高结晶氮化碳纳米片,为黄色固体粉末,标记为 PHI。具体的制备流程如图 5 – 2 所示。

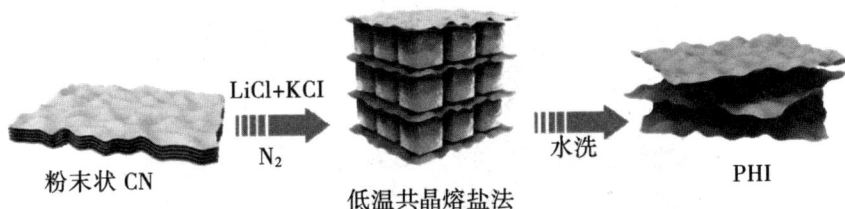

图 5 – 2　PHI 的制备流程图

利用第三章的方法合成制备 H – CN 作为对比样品。通过同样的气敏测试条件,测试对比两个样品的气敏性能,分析 PHI 的结构特性和光电气敏传感性能的提升原理及机制。

(3)气敏传感器件的制备

将制备好的样品称取 1 mg 后充分研磨,然后均匀分散到适量乙醇溶液中。利用移液枪量取 50 μL 悬浊液样品,利用匀胶机旋涂到定制的叉指电极上。旋涂参数设置:低速 600 r/min(10 s),高速 3 000 r/min(30 s)。将旋涂好的电极放入烘箱内 220 ℃加热 2 h,得到传感器件备用。

5.2.2　高结晶氮化碳纳米材料的结构特点

利用 TEM 表征合成样品的表面形貌和结构。XRD 用来分析复合样品的晶相组成和结构。紫外可见分光光度计的测试结果可以用来确定合成样品的能带结构。比表面积测试法(BET)的测试结果可以直接给出样品的比表面积、表面孔径分布等信息。傅里叶变换红外光谱能够表征材料分子内部的官能团信息变换。

对比分析如图 5 – 3 所示 H – CN 的 TEM 图和如图 5 – 4 所示 PHI 的 TEM 图,可以明显看出,PHI 与 H – CN 样品均呈现二维片层结构,横向尺寸较大,但 PHI 出现了更明显的晶相结构,具有比 H – CN 更高的结晶度。

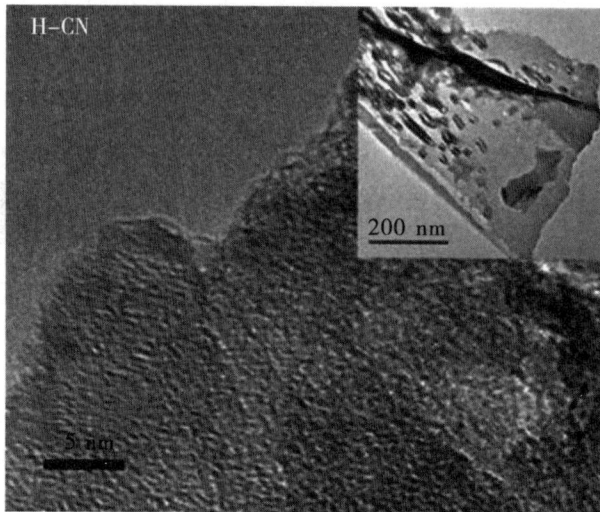

图 5 – 3   H – CN 的 TEM 图

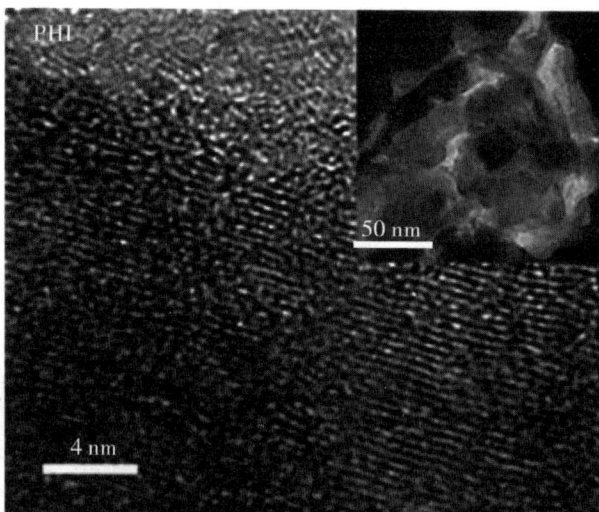

图 5 – 4   PHI 的 TEM 图

由图 5 – 5 所示的 H – CN 和 PHI 的 XRD 图可知,在 9°的位置出现了明显的特征峰,进一步验证了 PHI 具有良好的高结晶度。利用如图 5 – 6

所示的 H - CN 和 PHI 的傅里叶变换红外光谱对 H - CN 和 PHI 的官能团结构进行分析。相对于 H - CN,PHI 在 2 165 cm^{-1} 处出现了明显的氰基(C≡N)伸缩模式,在 1 000 cm^{-1} 处出现了明显的 N = C$_2$ 伸缩模式。同时由图 5 - 7 所示的 H - CN 和 PHI 的紫外可见吸收光谱可知,PHI 与 H - CN 的光吸收边缘有了较明显的不同,说明 PHI 的能带结构发生了变化,可见光吸收的范围得到了有效的拓展。

以上多个形貌和结构的表征都说明了通过共晶熔盐法所制备的 PHI 样品具有纳米尺寸的层状结构,利用熔融盐的溶剂可有效溶解反应中的单体和中间体,为材料缩聚提供液体介质,从而改善局部秩序,加速缓慢的脱氨过程,提高氮化碳纳米材料的结晶度和导电性。因此,利用该方法所合成的 PHI 样品具有结晶度高、导电性良好和可见光响应性优异等优点,为后续光电气敏传感检测提供了保障。

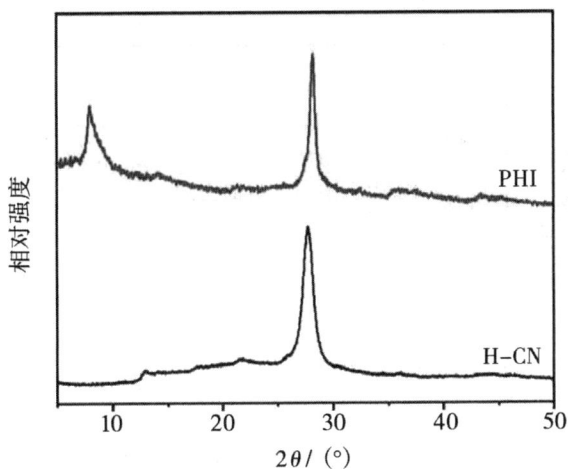

图 5 - 5　H - CN 和 PHI 的 XRD 图

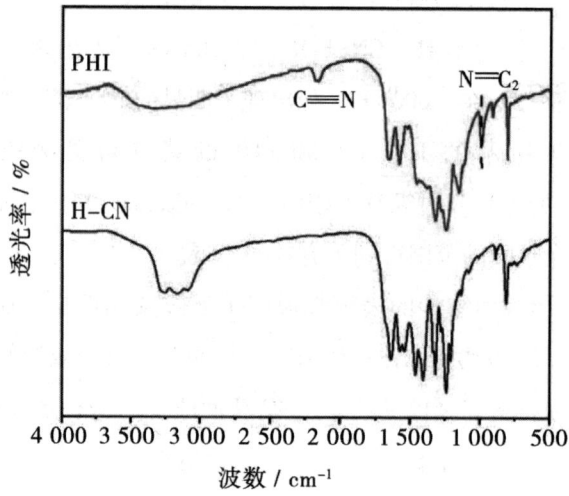

图 5 - 6　H - CN 和 PHI 的傅里叶变换红外光谱

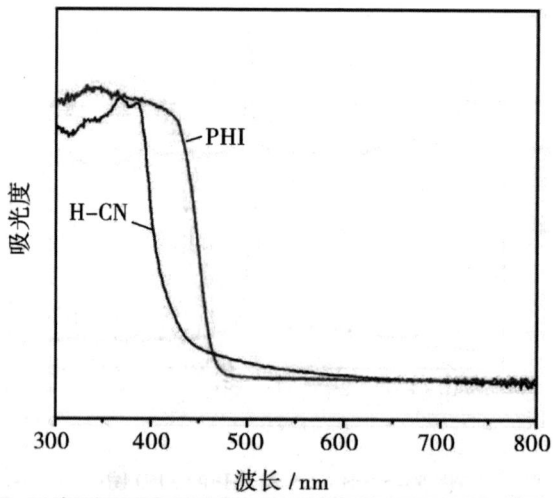

图 5 - 7　H - CN 和 PHI 的紫外可见吸收光谱

5.3　高结晶氮化碳纳米材料用于 NO_2 光电气敏传感检测

5.3.1　NO_2 光电气敏传感检测性能

（1）光电气敏性能测试原理及过程

光电气敏测试系统由动态配气系统、传感测试腔、实时测试分析系统三部分组成。测试的驱动电压为 2.5 V，检测温度为 25 ℃，可见光激发光源 LED 波长为 405 nm，气体动态通入的流量由流量计调节控制，通常设置为 500 mL/min；具体的通气时间和吹扫时间可通过测试分析系统手动设置。NO_2 气体的浓度可通过调节其与空气的稀释比例来设置。对 NO_2 的动态检测过程如下：首先将空气充入配气系统，持续通气80 min 后，再将一定浓度的 NO_2 充入配气系统，接着持续通气 10 min。在持续光照条件下，利用测试分析系统记录传感响应变化。传感器的响应度利用式（5 − 1）计算。

$$R(\%) = \frac{R_g - R_a}{R_a} \times 100 \tag{5 − 1}$$

其中，R_g 是传感器暴露在测试气体中稳定后的电阻值，R_a 是传感器暴露在空气中的初始阻值。

其他气体检测实验操作步骤与上述实验操作步骤相同，只是将 NO_2 相应换成其他种类气体，如 SO_2、乙醇、NH_3、甲烷、CO_2、CO 等。长期稳定性实验是将测试完气敏性能的传感器放置在室温空气中储存，每隔一个月重复上述测试过程，分析气敏性能变化情况，连续记录半年。

（2）NO_2 光电气敏性能对比分析

利用合成的 H − CN 和 PHI 样品采用相同的制备方法在叉指电极上分别制备光电气敏传感器件，并在同样的测试环境下分析两者对 NO_2 的光电气敏检测性能，得到 405 nm 可见光激发下 H − CN 和 PHI 传感器件对 0.001 ~ 1.000 mg/L NO_2 的动态响应曲线。图 5 − 8 为 H − CN 的动态响应曲线，图 5 − 10 为 PHI 的动态响应曲线。在波长 405 nm 可见光激发下，H − CN

传感器对 NO_2 的响应低至 1.000 mg/L,线性度较好。与其相比,PHI 传感器无论从响应值还是 LOD 等方面都有很大提升,检测限低至 50.000 μg/L,性能提升了 20 倍。图 5 - 9 与图 5 - 11 分别为 405 nm 可见光激发下 H - CN 传感器件和 PHI 传感器件响应与 NO_2 浓度间的线性关系图。从图中可以看出,传感器在测试气体浓度范围内均有非常好的线性度,对比可知,PHI 的光电气敏传感检测性能更好。

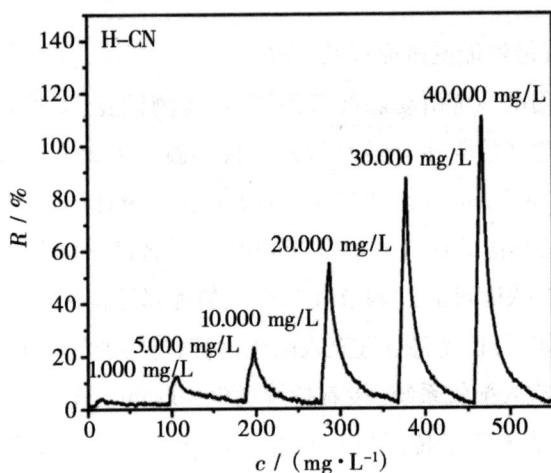

图 5 - 8   405 nm 可见光激发下 H - CN 传感器件对

0.001 ~ 1.000 mg/L NO_2 的动态响应曲线

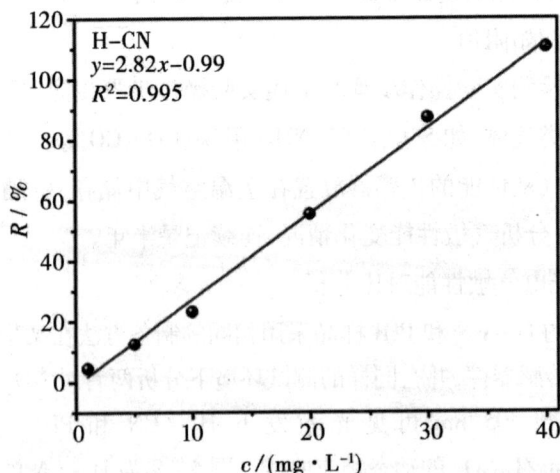

图 5 - 9   405 nm 可见光激发下 H - CN 传感器件响应与 NO_2 浓度间的线性关系图

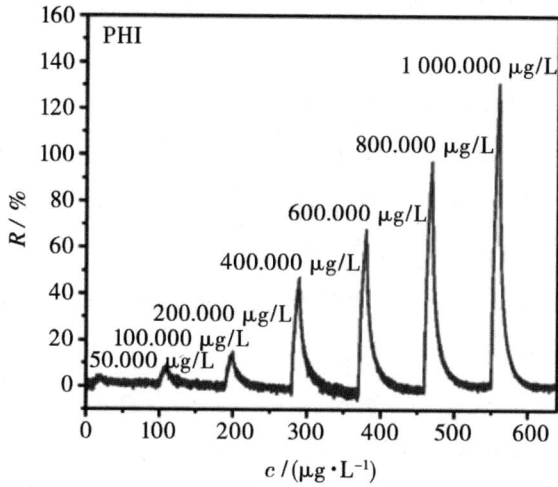

图 5 - 10 405 nm 可见光激发下 PHI 传感器件

对 0.001 ~ 1.000 mg/L NO_2 的动态响应曲线

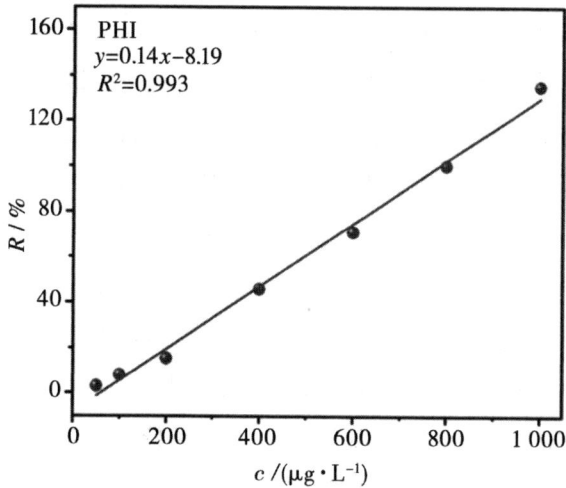

图 5 - 11 405 nm 可见光激发下 PHI 传感器件响应与 NO_2 浓度间的线性关系图

5.3.2　NO$_2$ 光电气敏传感检测性能提升机制

（1）光电气敏检测机制分析方法

揭示电荷分离和转移机制主要采用了稳态/瞬态荧光光谱等方法。g－C$_3$N$_4$在430～550 nm 较宽的波长范围内，可以发射很强的蓝色荧光，峰值位于460 nm 左右，略小于吸收带边。这主要是由于光生电子通过内转换或振动弛豫迅速落入了第一激发单重态，当光生电子和光生空穴重新复合时，才会发出荧光。该过程也称为复合发光。这也就意味着荧光强度与电荷分离程度相关，即荧光强度越强，电荷分离能力越差。因此，g－C$_3$N$_4$ 半导体的固体荧光强度测试可以成为判断其电荷分离能力的有效技术手段，能够直接反映 g－C$_3$N$_4$ 材料与复杂异质结界面的电荷分离与转移情况，揭示材料体系的电荷分离强弱变化规律。

荧光产生的本质为激发电子与空穴的辐射性复合。这种复合可以有多种类型，包括单通道复合、双通道复合和多通道复合。在纳米半导体材料中，衰减通道常常与表面缺陷、能量转移、多激子发射有关。这些信息在稳态荧光光谱中都无法体现，但时间分辨瞬态荧光光谱能够给出相关信息。在激发光源的照射下，一个荧光体系向各个方向发出荧光；当光源停止照射后，荧光并不会立即消失，而是会逐渐衰减到零。荧光寿命是指分子受到光脉冲激发后返回到基态之前，在激发态的平均停留时间。在光电气敏传感检测过程中，可通过荧光寿命来了解电子－空穴对的分离效率，荧光寿命越长，说明电子存在时间寿命越长，这也就意味着电子－空穴对分离效果越好，越利于光电气敏检测性能的提升。揭示吸附以及活化机制的技术手段主要有光电化学测试、气氛－TPD 和傅里叶变换红外光谱等。

（2）光电气敏检测性能提升机制分析

PHI 的光电气敏检测性能显然比 H－CN 更优良，基于其高结晶度和良好的导电性，可以从光生电荷分离和转移的性能对比分析其内在的性能提升机制。由半导体材料光电气敏检测的传感原理可知，半导体材料的光生电荷分离和转移性能是直接影响其气敏传感检测性能的关键因素。光生电荷分离能力越强意味着越多的光生电子可以被吸附的 NO_2 捕获,从而产生较高的气敏响应,所制备的气敏传感器件检测性能也就更优异。

首先,采用稳态荧光光谱分析 H-CN 与 PHI 的电荷分离能力,得到如图5-12 所示的 H-CN 和 PHI 的稳态荧光光谱。由图可知,PHI 的稳态荧光强度相较 H-CN 的稳态荧光强度更弱,荧光强度越弱,说明其电荷分离能力越强,对应更好的气敏检测性能。

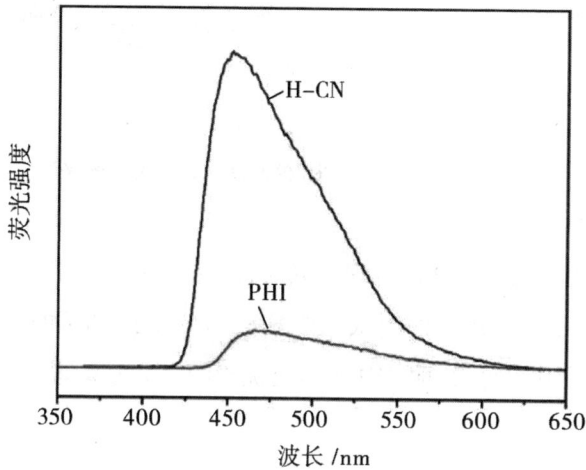

图 5-12　H-CN 和 PHI 的稳态荧光光谱

进一步采用时间分辨瞬态荧光光谱分析 H-CN 与 PHI 的荧光寿命变化,得到图 5-13。从图中可以看出,PHI 的瞬态荧光寿命仅为 4.51 ns,约为 H-CN 的 1/3,说明 PHI 具有更优异的电荷分离能力,这与稳态荧光光谱的结论相一致。

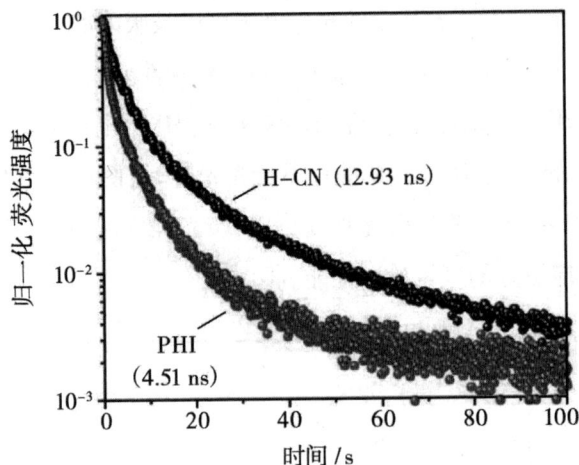

图 5 – 13 H – CN 和 PHI 的时间分辨瞬态荧光光谱

利用上述荧光技术分析机理的同时,进一步进行了 N_2 气氛条件下的稳态表面光电压谱(SPS)的测试。如图 5 – 14 所示,PHI 的光伏信号远高于 H – CN 的光伏信号,说明 PHI 具有更优异的电荷分离能力。

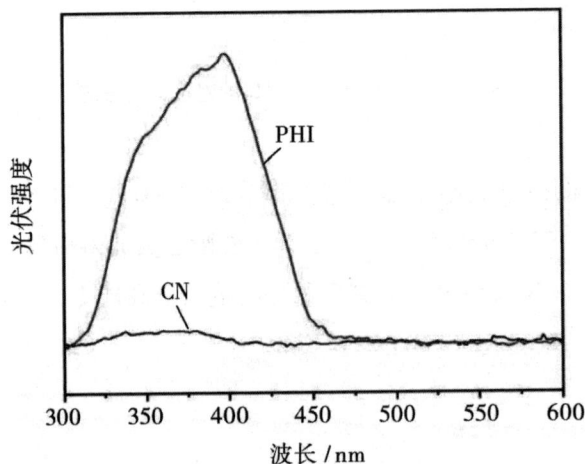

图 5 – 14 H – CN 和 PHI 的 SPS 图

电化学阻抗谱(EIS)的测试对比结果如图 5 – 15 所示。由图可知,PHI 具有非常小的阻抗值。通常阻抗值越小,样品的电荷分离能力越强,即 PHI 的电荷分离能力更强。

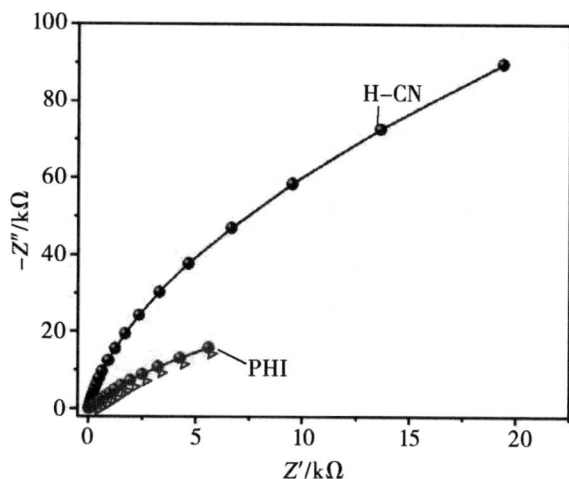

图 5 − 15　H − CN 和 PHI 的 EIS 图

　　最后,利用电化学测试技术对比 H − CN 与 PHI 的电荷分离能力,结果如图 5 − 16 所示。由图可知,在 405 nm 可见光激发下,与 H − CN 相比,PHI 具有较高的光电流响应。

　　综上可知,PHI 相较于 H − CN,具有更优异的电荷分离能力,在实际传感检测中表现为较为优异的光电气敏响应能力。

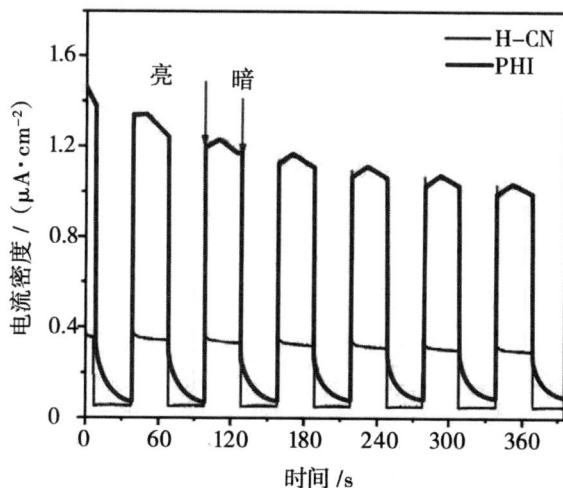

图 5 − 16　H − CN 和 PHI 的 I − T 图

5.4　本章小结

　　本章通过共晶熔盐法成功制备了 PHI。对比分析 PHI 与 H – CN 在形貌、结构、NO_2 光电气敏传感检测性能之间的不同差异，并利用稳态/瞬态荧光光谱、SPS 及电化学测试等多种手段对两种样品的光生电荷分离机制进行了对比研究。研究结果表明，PHI 优异的光电气敏检测性能源于其良好的电荷分离能力，为发展优异的功能化氮化碳基光电气敏材料提供了有力的实验支撑。

第 六 章

有机双金属框架/高结晶氮化碳异质结的构建
及其光电气敏传感应用

6.1 前言

NO$_2$是一种常见的有毒、刺激性气体,主要来源于工业废气和机动车尾气,对生态环境和人体健康都有不良影响。普遍认为,NO$_2$是诱发人类呼吸健康问题的主要元凶之一。哪怕NO$_2$浓度极低,长期暴露其中也会诱发哮喘等疾病。传统的NO$_2$气敏检测方法通常采用半导体氧化物作为气敏材料,通过高温加热激活材料表面的吸附氧与NO$_2$发生反应,导致载流子浓度的变化,进而引发传感响应。然而,这类传感检测方法通常存在工作温度和驱动电压较高、器件寿命短、气敏检测选择性差、检测灵敏度有待提升等问题。因此,开发室温条件下超灵敏的NO$_2$检测方法非常有必要。

20世纪60年代以来,基于热激活效应的金属氧化物半导体一直是电阻式气体传感器的研究对象。近年来,人们开发出了光激活取代热激发的光电气敏检测模式。这种新模式主要是利用不同的光源照射传感材料以调节材料中的光生载流子浓度,从而改变表面电子性质,促进分子与传感层之间的相互作用,进而提高灵敏度和响应速度或恢复速度。综上所述,寻找合适的传感材料是成功开发电阻式气体传感器的关键。作为经典有机半导体,氮化碳纳米片因其具有二维片层结构、成本低、可见光响应性好等优点而成为新兴的热门光电传感材料。但是它也存在表面缺陷较多、结晶性差、光生电子－空穴易复合、导电性差、载流子迁移率低和吸附位点较少等问题。这些问题限制了它在气敏检测领域的应用。PHI 作为由 3－s－三嗪单元通过胺桥连接的高结晶氮化碳,具备结晶度高、导电性好等特点。这主要得益于合成过程中 3－s－三嗪单元在二维平面上高度有序聚合产生离域 π 共轭电子,为电荷转移提供了通道,有效加速了面内电荷转移。同时,紧密的 $\pi-\pi$ 共轭平面堆积还促进了层间电荷转移,为氮化碳基复合材料用于光电气敏检测带来了新的发展机遇。但是,PHI 在 NO_2 气敏检测方面仍然面临着光生电子－空穴易复合和吸附位点较少的问题。针对这些问题,延长电子寿命及构造合适的吸附位点等策略是有效的解决方法。

以引入能带结构匹配的半导体材料作为 NO_2 的选择性吸附位点、构建高效电荷分离异质结体系为例进行论述。具有二维平面结构的金属有机框架材料(MOF)能够提供匹配的能带结构、较高的电子迁移速率、合适的金属吸附活性位点,是构建高效电荷分离异质结体系用于光电气敏传感的理想材料。MOF 的中心金属通常是反应的吸附活性位点。通过理论和实验对比分析发现,虽然 Ni、Co、Zn 等金属对 NO_2 的吸附能力依次递减,但双金属的协同作用能够产生更强的吸附效果。因此,本章以 NO_2 为待测分析物,首先采用共晶熔盐法制备 PHI,然后在 PHI 制备的基础上引入具有双金属节点的二维 MOF 纳米片,构筑有机双金属框架/高结晶氮化碳异质结体系,并对其选择性吸附优势、光电气敏传感检测性能提升策略及机制进行深入研究。

6.2　有机双金属框架/高结晶氮化碳异质结的设计合成

6.2.1　有机双金属框架/高结晶氮化碳异质结的构建

(1)实验试剂和实验仪器

本章实验中所用的实验试剂见表 6－1。所用试剂的纯度规格都是分析纯(A.R.),未经二次处理。

表 6-1　实验试剂清单

试剂名称	分子式
对苯二甲酸	$C_8H_6O_4$
六水合氯化镍	$NiCl_2 \cdot 6H_2O$
乙酸镍	$NiC_4H_6O_4$
乙酸钴	$CoC_4H_6O_4$
乙酸锌	$ZnC_4H_6O_4$
乙酸铜	$CuC_4H_6O_4$
三乙胺	$C_6H_{15}N$
三聚氰酸	$C_3H_3N_3O_3$
三聚氰胺	$C_3H_6N_6$
N,N-二甲基甲酰胺	C_3H_7NO

本章实验所使用的仪器设备部分与第四章、第五章所用的基本一致,这里不再赘述。

(2) H-CN 的制备

利用第三章的方法合成 H-CN,作为复合异质结单体和基础对比样使用。

(3)PHI 的制备

利用第五章中的合成方法制备 PHI 样品,作为复合异质结单体和基础对比样使用。

(4)有机双金属框架纳米片的制备

首先,将0.06 mmol的2,3,6,7,10,11-六羟基三苯(HHTP)倒入4 mL体积比为1:1的N,N-二甲基甲酰胺(DMF)和去离子水的混合液中,经过10 min超声处理使其均匀混合,得到混合液A。其次,将0.12 mmol的不同摩尔比的乙酸镍和乙酸钴分别溶解于2 mL的去离子水中,经过10 min超声处理使其均匀混合,得到混合液B。紧接着,将混合液A与混合液B依次倒入容积为20 mL的玻璃瓶中,密封后放置于温度为80 ℃的真空烘箱中24 h。之后冷却至室温,再依次用去离子水、DMF、乙醇和丙酮进行清洗。最后,将样品烘干得到固体样品,记为CoNiMOF。单金属MOF纳米片制备过程与上述过程类似,仅将乙酸镍与乙酸钴的混合物替换成相应的单一金属盐,如乙酸镍、乙酸钴、乙酸铜和乙酸锌等。

(5)CoNiMOF/PHI复合体的制备

将所制备的CoNiMOF和PHI分别分散于去离子水中,然后将不同浓度的CoNiMOF溶液与PHI溶液共混,并在室温中持续搅拌4 h。之后,将混合物放置于烘箱(60 ℃)中干燥6 h,得到不同比例的CoNiMOF/PHI复合体。CoNiMOF/CN复合体的制备与上述方法类似,仅将主体PHI替换成H-CN后,重复上述实验过程即可。制备方法如图6-1所示。

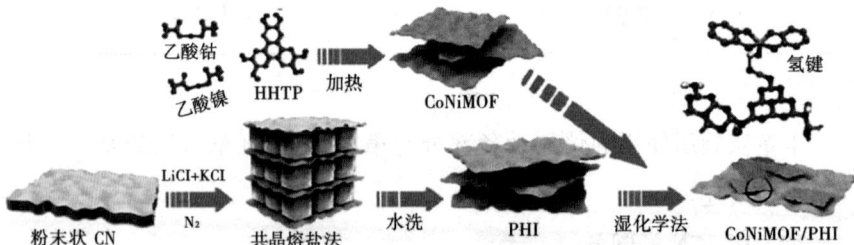

图6-1 CoNiMOF/PHI纳米异质结的合成示意图

(6)气敏传感器件的制备

首先,称取1 mg已制备好的样品,并进行充分研磨。接着,将样品均匀分散到适量的乙醇溶液中,形成悬浊液。然后,利用移液枪量取50 μL悬浊液样品,利用匀胶机将其旋涂到定制的叉指电极上。旋涂时,参数设置为低速 600 r/min 旋转 10 s,随后高速 3 000 r/min 旋转 30 s。完成旋涂后,将电极放入烘箱内,在 220 ℃的温度下加热 2 h,得到传感器件备用。

6.2.2 有机双金属框架／高结晶氮化碳异质结的结构特点

图 6 - 2 为 CoNiMOF/PHI 的 TEM 图,图 6 - 3 为其 AFM 图。由此二者可知,PHI 和 CoNiMOF 拥有相似的二维纳米片结构。主体 PHI 呈现二维片层结构,横向尺寸较大;CoNiMOF 也是二维纳米片,负载在 PHI 表面。异质结复合体(CoNiMoF/PHI)正是由这两种维度匹配的二维纳米片堆叠而成。

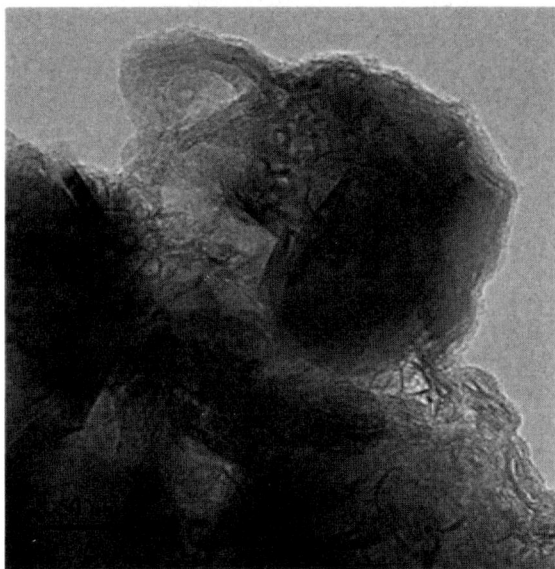

图 6 - 2 CoNiMOF/PHI 的 TEM 图

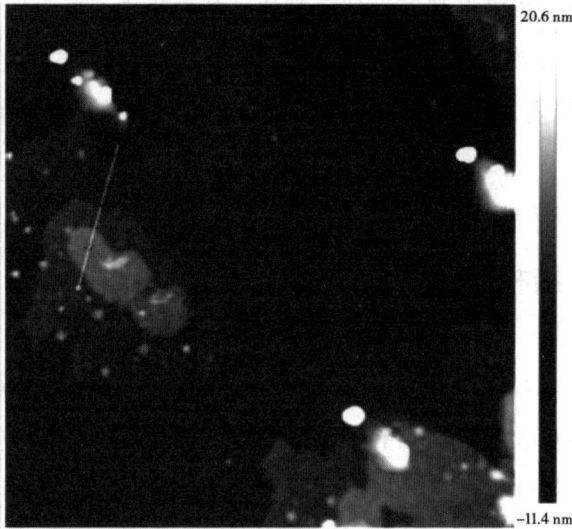

图 6 - 3   CoNiMOF/PHI 的 AFM 图

图 6 - 4 为 CoNiMOF/PHI 的 C、N、O、Ni、Cor EDS 元素分布图。从图中可知,Co、Ni 在整个异质结上分布均匀。这表明 CoNiMOF 均匀负载在 PHI 表面上。

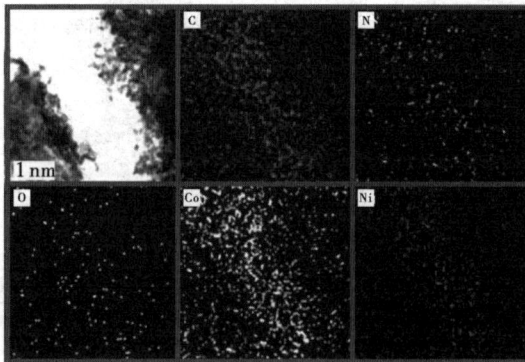

图 6 - 4   CoNiMOF/PHI 的 C、N、O、Ni、Co 的 EDS 能谱

CoNiMOF/PHI 异质结的表面组成和化学状态可通过傅里叶变换红外光谱和 XPS 进一步揭示。首先利用傅里叶变换红外光谱分析不同单金属 MOF 和双金属 MOF(CoMOF、NiMOF 和 CoNiMOF)的特征峰变化情况,结果

如图 6 - 5 所示。

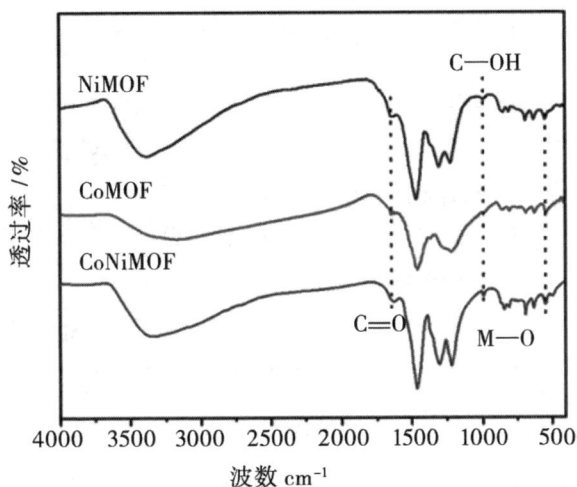

图 6 - 5　NiMOF、CoMOF 和 CoNiMOF 的傅里叶变换红外光谱

　　随后,对比分析 MOF 单体、PHI 单体和 CoNiMOF/PHI 复合体的官能团结构情况。图 6 - 6 为 PHI、CoNiMOF、NiMOF/PHI 和 CoNiMOF/PHI 的傅里叶变换红外光谱。由图可知,相比于 PHI,CoNiMOF/PHI 在 570 cm^{-1} 附近出现了 CoNiMOF 的 M—O 键拉伸振动峰。此外,出现在 2 165 cm^{-1} 处的峰应归属为 PHI 样品的氰基($C \equiv N$)伸缩模式。在 PHI 上引入 CoNiMOF 后,该峰的强度降低,可能是 CoNiMOF 和 PHI 的 $C \equiv N$ 之间存在相互作用。这也进一步证实了 CoNiMOF 成功修饰到了 PHI 上,与图 6 - 7 所示的 H - CN、PHI、CoNiMOF、CoNiMOF/CN 和 CoNiMOF/PHI 的 XRD 结果一致。

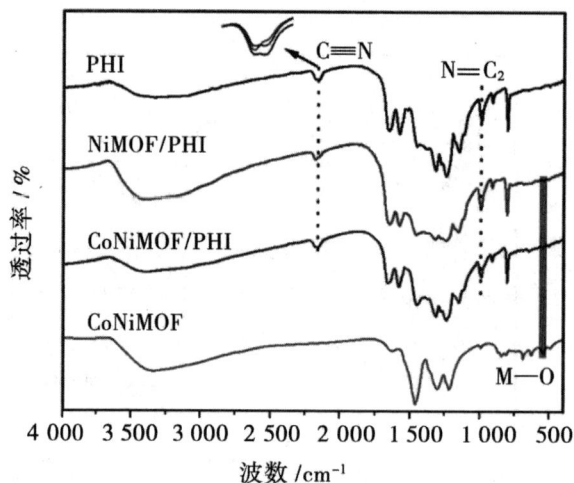

图 6-6　PHI、CoNiMOF、NiMOF/PHI 和 CoNiMOF/PHI 的傅里叶变换红外光谱

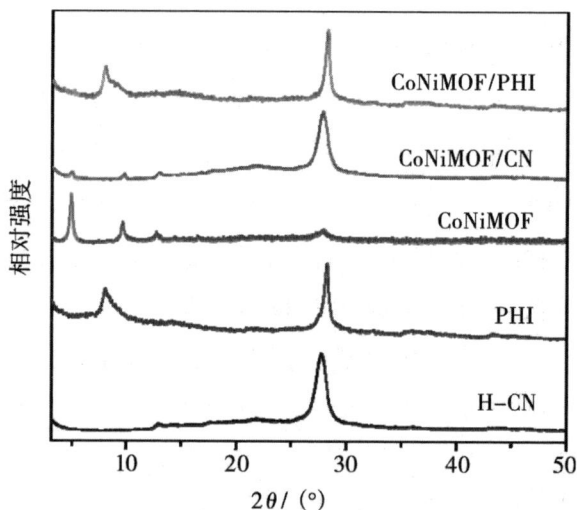

图 6-7　H-CN、PHI、CoNiMOF、CoNiMOF/CN 和 CoNiMOF/PHI 的 XRD 谱

图 6-8 为 PHI、NiMOF/PHI 和 CoNiMOF/PHI 的 C 1s 和 N 1s 的 XPS 光谱。从中可知,与单体 PHI 相比,负载 MOF 后的 PHI 的 C≡N 特征峰的相对浓度呈现下降趋势。

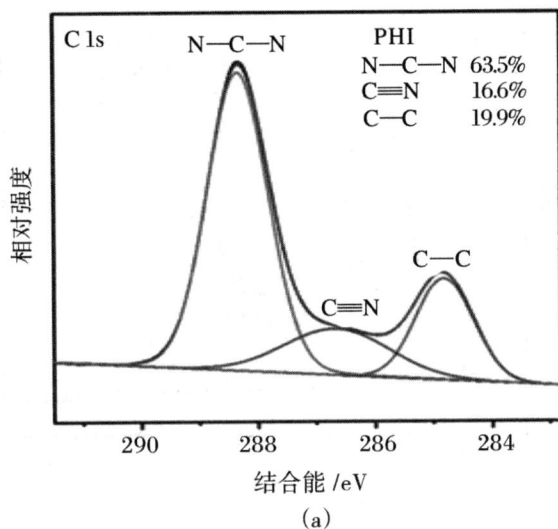

（a）

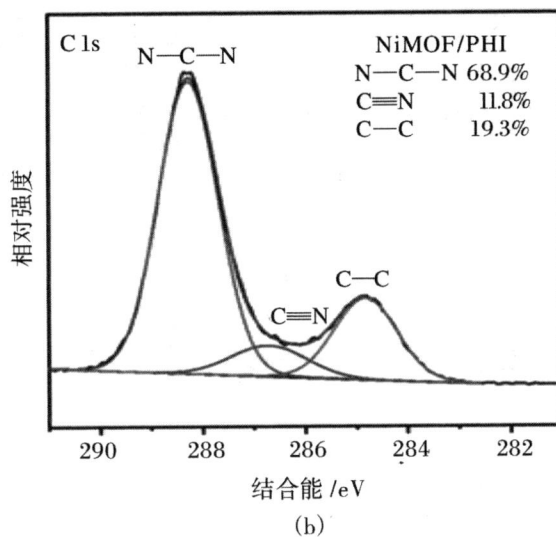

（b）

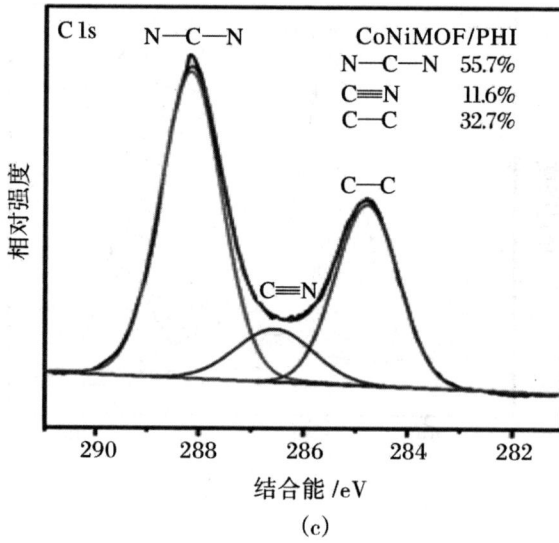

(c)

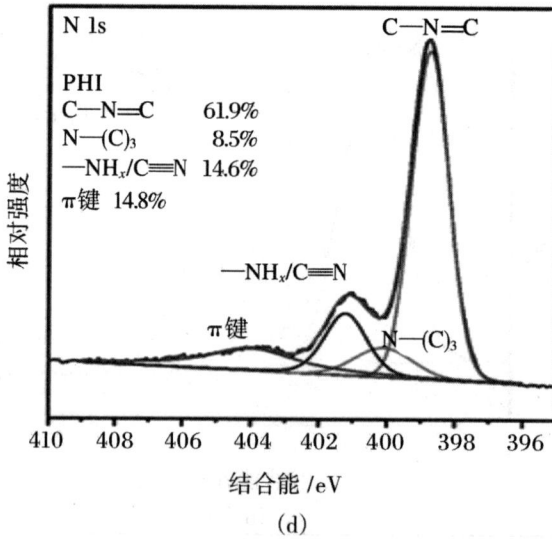

(d)

N 1s

NiMOF/PHI

C—N=C　　62.0 %

N—(C)₃　　13.1 %

—NHₓ/C≡N　10.6 %

π键　　　　14.3 %

C—N=C

—NHₓ/C≡N

π键

N—(C)₃

相对强度

结合能 /eV

(e)

N 1s

CoNiMOF/PHI

C—N=C　　74.9%

N—(C)₃　　13.6%

—NHₓ/C≡N　11.2%

π键　　　　14.6%

C—N—C

—NHₓ/C≡N

π键

N—(C)₃

相对强度

结合能 /eV

(f)

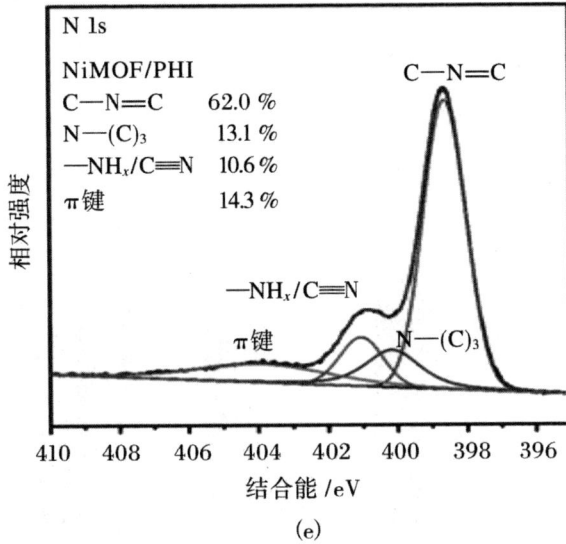

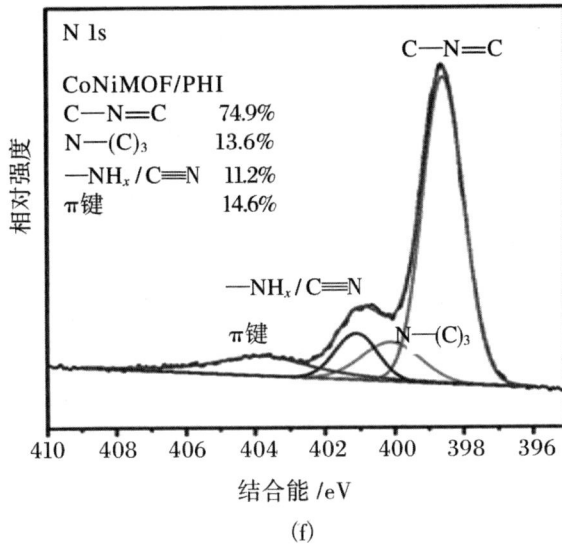

图 6-8　样品的 XPS 光谱

PHI C 1s(a);NiMOF/PHI C 1s(b);CoNiMOF/PHI C 1s(c);

PHI N 1s(d);NiMOF/PHI N 1s(e);CoNiMOF/PHI N 1s(f)

将这种变化进行量化并绘制成柱状图,得到图 6-9。该图为 PHI、NiMOF/PHI 和 CoNiMOF/PHI 的 C≡N 变化。由此可确定,PHI 表面的

C≡N 是 MOF 的主要负载位点，MOF 的金属位点存在的 O—H 基团也非常有利于与 C≡N 形成分子间氢键作用。

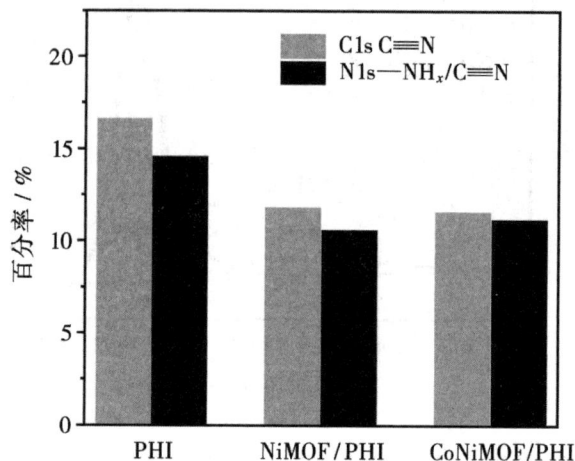

图 6-9　PHI、NiMOF/PHI 和 CoNiMOF/PHI 的 C≡N 变化

　　此外，图 6-10 为样品的 N 1s 的 XPS 光谱。从中可知，与 PHI 相比，CoNiMOF/PHI 中 N 1s 的结合能降低。在图 6-11 所示的 CoNiMOF 和 CoNiMOF/PHI的 Ni 2p 的 XPS 光谱中，856.20 eV 和 873.83 eV 的特征峰可归因于 Ni $2p_{3/2}$ 轨道和 Ni $2p_{1/2}$ 轨道；而在图 6-12 所示的 CoNiMOF 和 CoNiMOF/PHI的 Co 2p 的 XPS 光谱中，781.45 eV 和 797.35 eV 的特征峰可归因于 Co $2p_{3/2}$ 轨道和 Co $2p_{1/2}$ 轨道。这表明 CoNiMOF 样品中 Ni 和 Co 以正二价形式存在。

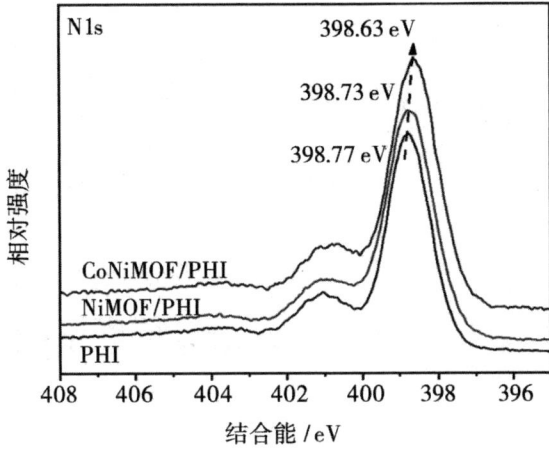

图 6 - 10 PHI、NiMOF/PHI 和 CoNiMOF/PHI 的 N 1s 的 XPS 光谱

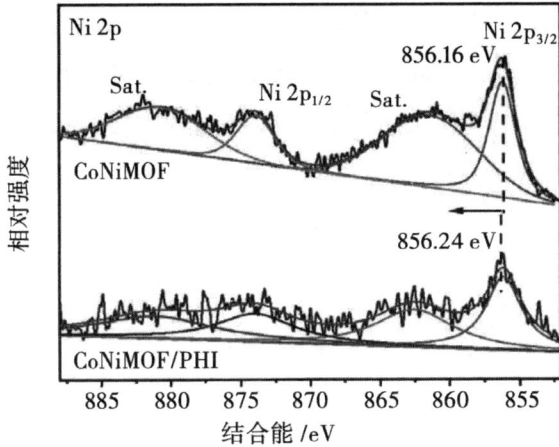

图 6 - 11 CoNiMOF 和 CoNiMOF/PHI 的 Ni 2p 的 XPS 光谱

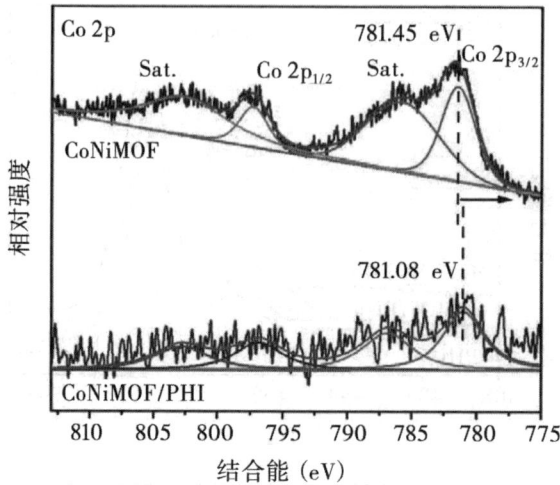

图 6 – 12　CoNiMOF 和 CoNiMOF/PHI 的 Co 2p 的 XPS 光谱

值得注意的是,CoNiMOF/PHI 样品中 Ni 和 Co 的结合能均出现了细微变化。这进一步证实了 CoNiMOF 和 PHI 之间存在相互作用。这种结合能的变化,在如图 6 – 13 所示的单金属 MOF 复合体(NiMOF/PHI)和双金属 MOF 复合体(CoNiMOF/PHI)的 XPS 光谱对比中也体现得较为明显。这说明引入 Co 对 Ni 位点有电子调控作用。

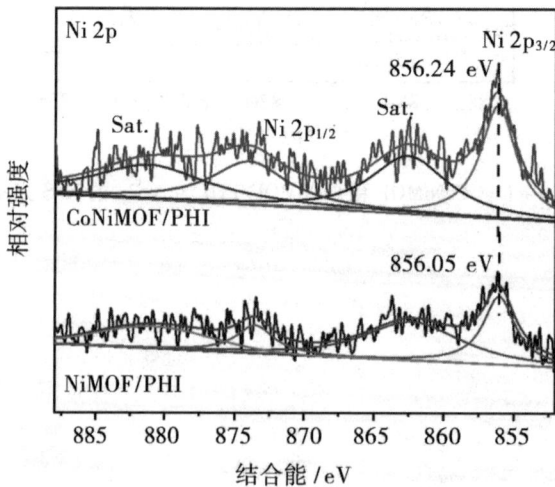

图 6 – 13　NiMOF/PHI 和 CoNiMOF/PHI 的 Ni 2p 的 XPS 光谱

　　对比图 6 - 14 所示的 NiMOF、CoMOF 和 CoNiMOF 的紫外可见吸收光谱与图 6 - 15 所示的 PHI、NiMOF/PHI 和 CoNiMOF/PHI 的紫外可见吸收光谱,可发现,CoNiMOF/PHI 和 PHI 的光吸收边缘一致。这表明 CoNiMOF 的负载不会改变 PHI 本身的能带结构。综上所述,CoNiMOF/PHI 异质结具有维度匹配的超薄纳米片结构,其成功构建有利于气体吸附和电子在界面的分离与转移。

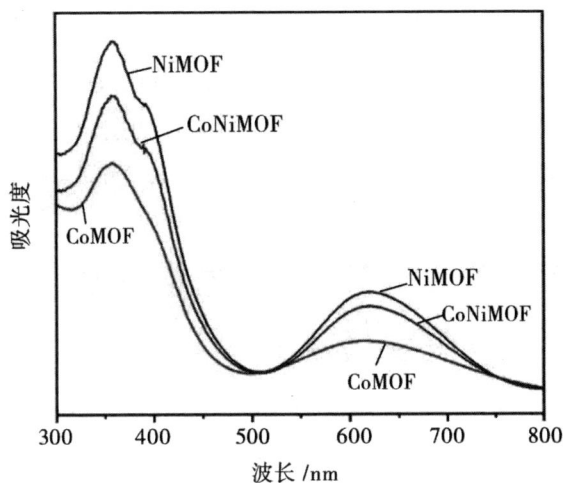

图 6 - 14　NiMOF、CoMOF 和 CoNiMOF 的紫外可见吸收光谱

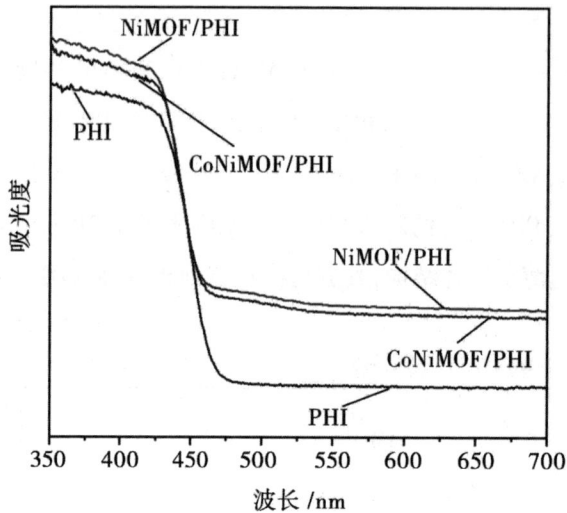

图 6 – 15　PHI、NiMOF/PHI 和 CoNiMOF/PHI 的紫外可见吸收光谱

6.3　有机双金属框架/高结晶氮化碳异质结用于 NO₂ 光电气敏检测

6.3.1　光电气敏检测性能研究

通过记录传感器暴露于 NO_2 气体时的电阻变化,研究不同样品的光电传感器的感应性能。测试结果如图 6 – 16 至图 6 – 20 所示。由图可知,在黑暗条件下,所有制造的传感器都不能有效地对 NO_2 产生响应。这是因为初始电阻过大,超过了检测的上限。

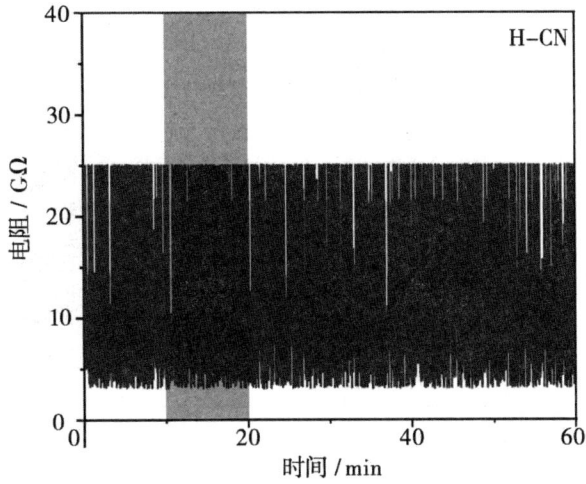

图 6 - 16 暗态条件下 H - CN 对百万分之一浓度 NO_2 的电阻响应

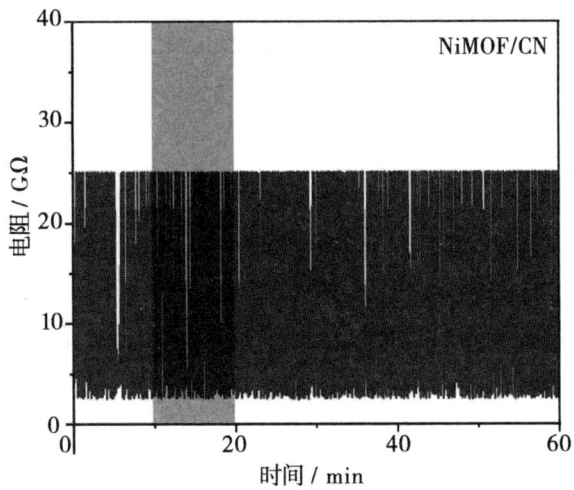

图 6 - 17 暗态条件下 NiMOF/CN 对百万分之一浓度 NO_2 的电阻响应

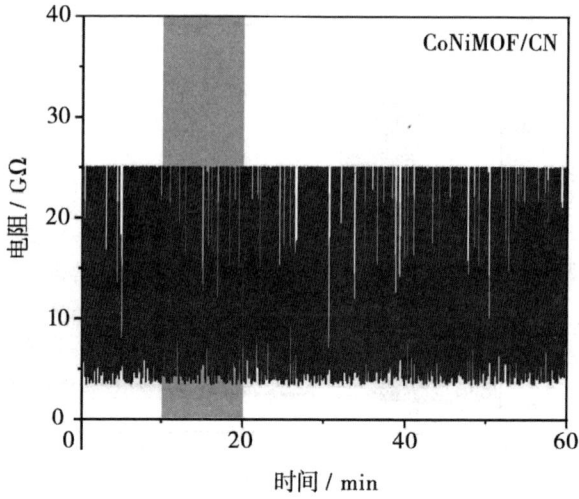

图 6 - 18　暗态条件下 CoNiMOF/CN 对百万分之一浓度 NO_2 的电阻响应

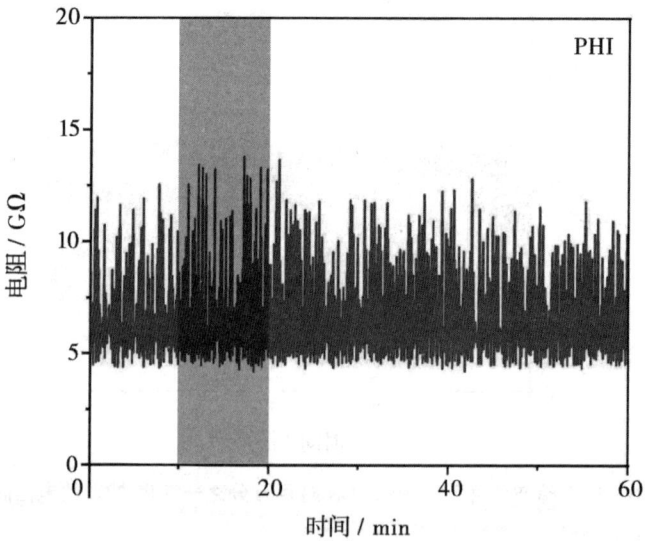

图 6 - 19　暗态条件下 PHI 对百万分之一浓度 NO_2 的电阻响应

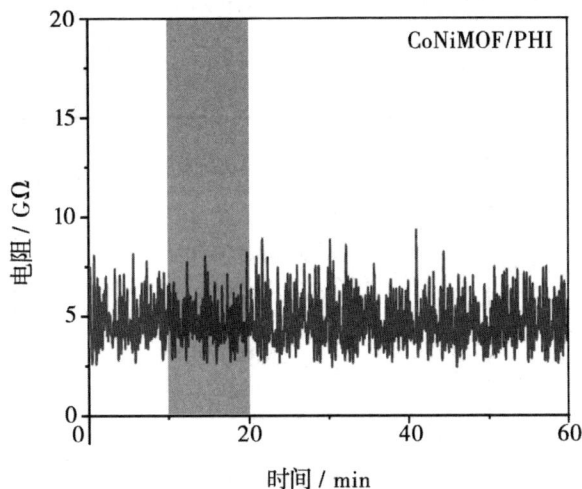

图 6-20　暗态条件下 CoNiMOF/PHI 对百万分之一浓度 NO$_2$ 的电阻响应

在引入可见光（405 nm）照射后，H-CN 对百万分之一浓度 NO$_2$ 表现出响应信号。然而，H-CN 本身结晶度差会导致电荷分离能力差以及 NO$_2$ 的吸附位点不足。由图 6-21 可知，405 nm 光照条件下，H-CN 对百万分之一浓度 NO$_2$ 的响应值仅为 24%。这是无法令人满意的。因此，做出如下改进：在 H-CN 的制备基础上耦合不同含量的 NiMOF 纳米片以提高其传感性能，并在其最佳含量的基础上引入 Co 改变 NiMOF 的金属配位中心比例以进一步提高样品的传感性能。

根据上述策略，合成样品 NiMOF/CN 和 CoNiMOF/CN。由图 6-21 可知，NiMOF/CN 和 CONiMOF/CN 对于百万分之一浓度 NO$_2$ 的响应值分别是 480% 和 865%。与 H-CN 相比，这两个样品的响应值有明显提升。分析可知，其原因主要是 CoNiMOF 的负载，它不仅为 NO$_2$ 提供更多的吸附位点，还促进 H-CN 的电荷分离。但 H-CN 结晶度差导致电荷分离能力差的问题仍有待解决。因此选用高结晶氮化碳 PHI 替代 H-CN 以期进一步提升样品的传感性能。由图 6-21 可知，PHI 和 CoNiMOF/PHI 样品对于百万分之一浓度 NO$_2$ 的响应值分别是 330% 和 1 221%。综上可知，高结晶度的 PHI 比低结晶度的 H-CN 具有更出色的电荷分离能力，CoNiMOF 可为

NO$_2$ 提供丰富的吸附位点。因此,CoNiMOF/PHI 具备最佳的 NO$_2$ 传感性能。后续的光电气敏性能测试也进一步验证了这一结论。

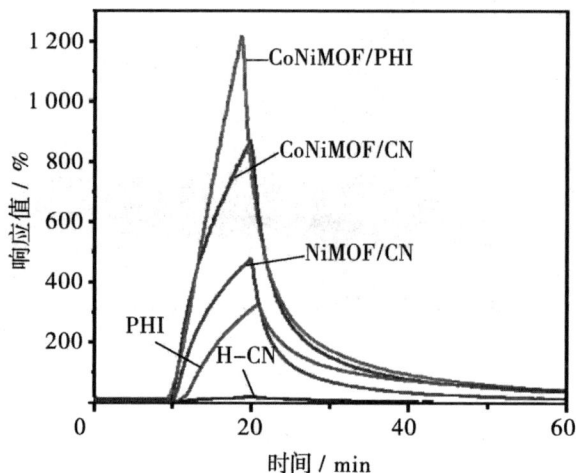

图 6-21　405nm 光照条件下 H-CN、NiMOF/CN、CoNiMOF/CN、PHI 和 CoNiMOF/PHI 对百万分之一浓度 NO$_2$ 的响应曲线

　　由上述的实验结果可知,CoNiMOF 与 PHI 之间构筑的双金属异质结能够有效提升 NO$_2$ 光电气敏响应能力。为获得最优秀的检测能力,详细分析具有不同比例 Co 和 Ni 的样品的光电气敏响应,筛选最佳比例用于后续实验。首先,更改单金属 NiMOF 的负载量,分别为 1%、3%、5% 和 7%,再与普通 H-CN 复合,分别制备合成了负载量为 1%、3%、5% 和 7% 的四个 NiMOF/CN 对比样,分别记为 1NiMOF/CN、3NiMOF/CN、5NiMOF/CN 和 7NiMOF/CN 测试它们对百万分之一浓度 NO$_2$ 的响应,结果如图 6-22 所示。经过对比发现,5% 的修饰量能够实现最高气敏响应,因此以 5% 作为后续 MOF 的使用量。接下来,进一步分析在合成过程中,Co 和 Ni 之间的比例关系对光电气敏响应的影响。选取 2:10、4:8 和 6:6 三个投料比制备测试样品,从图 6-22 所示的 405 nm 光照条件下,各样品的气敏响应对比可以发现,当 Co 和 Ni 的投料比为 4:8 时,材料具有最高的响应值。因此,在后续的所有实验中,选用 Co$_4$Ni$_8$MOF/PHI 作为分析测试的最佳样品。

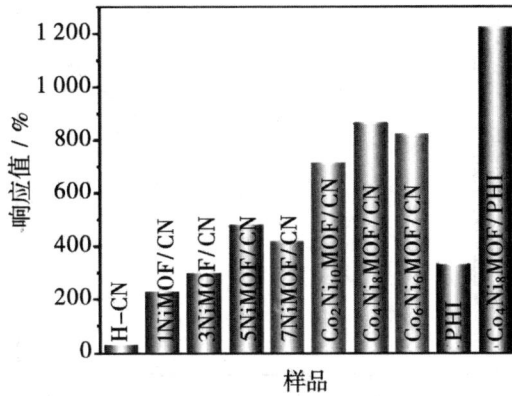

图 6 - 22　405 nm 光照条件下不同 MOF/CN 或 MOF/PHI 配比的响应对比

用最优样 NiCoMOF/PHI 双金属复合体对 NO_2 进行光电气敏传感检测实验,得到如图 6 - 23 所示的 405 nm 光激发下 CoNiMOF/PHI 传感器件对 $0.001 \sim 1\,000.000$ μg/L NO_2 的动态响应曲线和如图 6 - 24 所示的 CoNiMOF/PHI 传感器件响应与 NO_2 浓度间的线性关系。

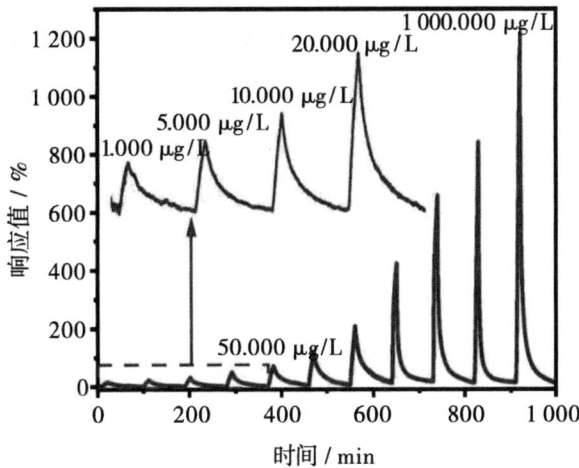

图 6 - 23　405 nm 光激发下 CoNiMOF/PHI 传感器件对 $0.001 \sim 1\,000.000$ μg/L NO_2 的动态响应曲线

153

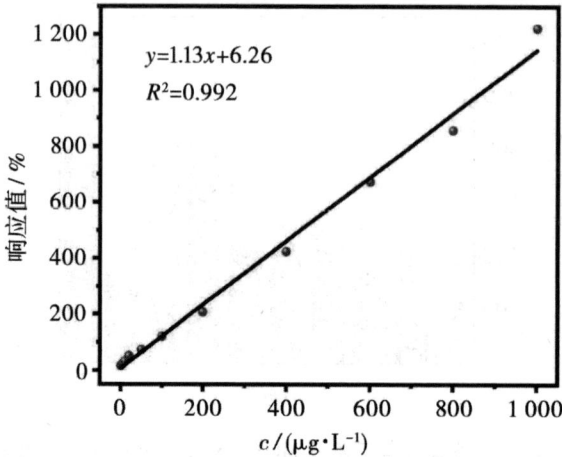

图6-24　CoNiMOF/PHI 传感器件响应与 NO$_2$ 浓度间的线性关系

从图 6-23 可以看出，CoNiMOF/PHI 在 0.001～1 000.000 μg/L 范围内具有非常灵敏的光电气敏响应特性，检测限低至 1.000 μg/L。由图 6-24 可知，CoNiMOF/PHI 的光电气敏响应特性与 NO$_2$ 浓度呈现出非常好的线性关系，斜率 k 值高达 1.13，R^2 达到了 0.992。这说明构筑的 CoNiMOF/PHI 传感器件具有优异的光电气敏响应能力。此外，对 CoNiMOF/PHI 传感器进行循环响应实验，在浓度为 1 000.000 μg/L 的 NO$_2$ 气氛下进行 5 次循环。由图 6-25 可知，该气体传感器完美地恢复并保持了 1 235%、1 264%、1 221%、1 224% 和 1 248% 的响应值，相对标准偏差为 15.9%。

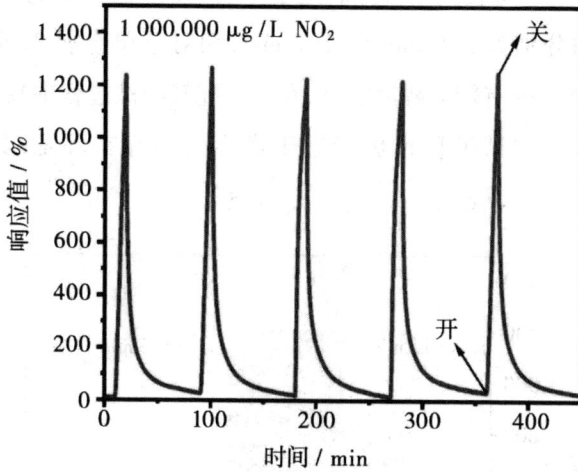

图 6-25　400 min 内 CoNiMOF/PHI 传感器件
对浓度为 1 000.000 μg/L 的 NO_2 的响应稳定性实验

CoNiMOF/PHI 传感器件对不同气体的选择性测试结果如图 6-26 所示。由图可知,与其他典型气体相比,CoNiMOF/PHI 传感器对 NO_2 的响应值明显更高。

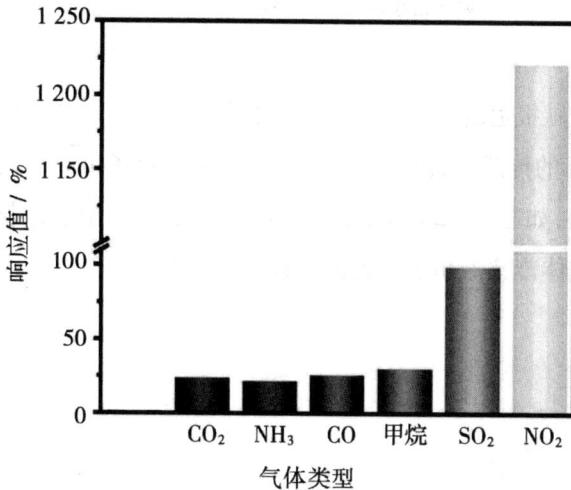

图 6-26　CoNiMOF/PHI 传感器件对 1 000.000 μg/L CO_2、
NH_3、CO、甲烷、SO_2、NO_2 的响应对比

结合图 6-27 与表 6-3 可知,基于 CoNiMOF/PHI 的传感器的响应时间和恢复时间分别为 3.6 min 和 2.7 min,相对于单金属 MOF 复合体的 6.2 min 和 6.5 min 有较大幅度提升,在动态配气测试过程中具有较高性能响应优势。实验测试过程也更接近于实际气体存在环境,具有实际应用性。

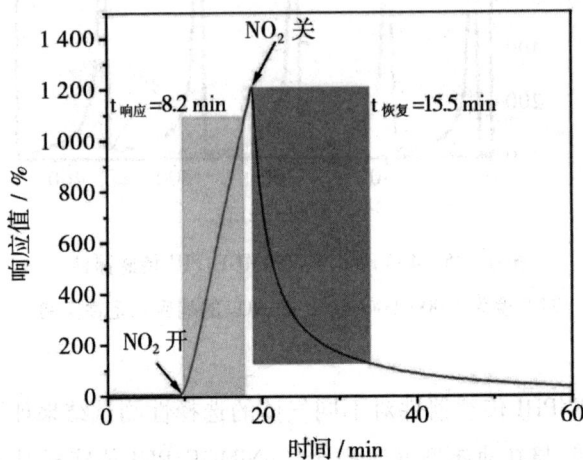

图 6-27 405 nm 光照下,NiMOF/PHI 与 CoNiMOF/PHI
对 1 000.000 μg/L NO$_2$ 的响应曲线

与其他文献报道的检测 NO$_2$ 的半导体传感器相比,本书所制备的基于 CoNiMOF/PHI 的传感器具有可见光激活、响应值卓越和 LOD 超低的优点。值得注意的是,如图 6-28 所示,CoNiMOF/PHI 表现出的传感性能与其他有机或无机气体传感器相当。具体参数对比见表 6-3。

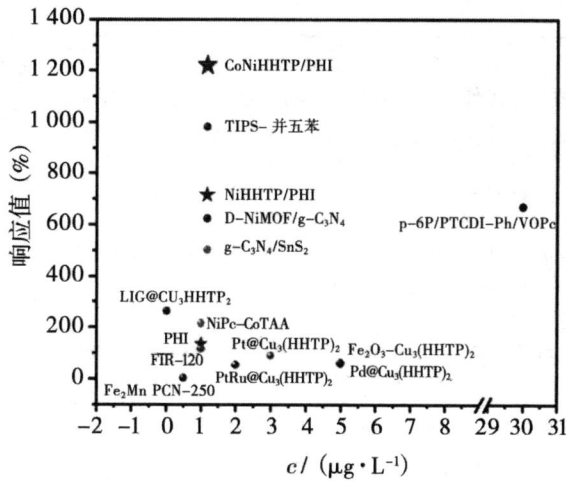

图 6-28　CoNiMOF/PHI 光电检测 NO$_2$ 的传感性能与其他类型传感器的性能对比

表 6-3　室温检测 NO$_2$ 气敏性能比较

材料	激发波长	工作电压/V	c_{NO_2}/(mg·L^{-1})	响应值 R	响应时间/s	恢复时间/s	检出限 LOD/(μg·L^{-1})	响应值 R
PHI	405 nm	2.5	1	1.35[c]	510	912	100	0.08[c]
NiHHTP/PHI	405 nm	2.5	1	7.16[c]	372	378	1	0.09[c]
CoNiHHTP/PHI	405 nm	2.5	1	12.21[c]	216	162	1	0.17[c]
g-C$_3$N$_4$/SnS$_2$	无	5.0	1	5.03[c]	150	166	125	0.14[c]
In$_2$O$_3$/g-C$_3$N$_4$/Au	400~700 nm	—	1	17.17[b]	43	51	20	2.03[b]

续表

材料	激发波长	工作电压/V	c_{NO_2}/(mg·L^{-1})	响应值 R	响应时间/s	恢复时间/s	检出限 LOD/(μg·L^{-1})	响应值 R
D - NiMOF/g - C$_3$N$_4$	405 nm	2.5	1	6.23[c]	510	1 182	1	0.05[c]
InSe	395 nm	1.5	10	1.75[a]	6	169	30	1.02[a]
NiO	紫外光	—	0.37	0.24[c]	846	1 902	57	0.11[c]
ZnO	450～480 nm	3.5	5	4.51[a]	9	18	100	3.01[a]
MoS$_2$	405 nm	—	1	1.56[a]	140	105	100	1.04[a]
SnS$_2$	365 nm	0.5	5	14.28[c]	400	1 100	400	3.97[c]
MoS$_2$/GaSe	365～370 nm	1	0.5	3.5[c]	23	178	20	0.29[c]
WS$_2$/PbS	390～780 nm	3.5	1	3.97[b]	177	87	200	1.77[b]
Au@MoS$_2$	无	—	1	0.17[c]	156	213	25	0.03[c]
CdS/TiO$_2$	无	—	100	1.45[c]	68	74	500	0.10[c]
p - 6P/PTCDI - Ph/VOPc	无	1	30	6.7[d]	1 320	3 120	5 000	0.9[d]
TIPS - 并五苯	无	5	1	9.82[d]	180	360	300	1.7[d]

续表

材料	激发波长	工作电压/V	c_{NO_2}/ (mg·L^{-1})	响应值 R	响应时间/s	恢复时间/s	检出限 LOD/ (μg·L^{-1})	响应值 R
Pd@ Cu$_3$(HHTP)$_2$	无	—	5	0.6	408	不可恢复	1 000	0.13
PtRu@ Cu$_3$(HHTP)$_2$	无	—	2	0.53[c]	2 月 358	不可恢复	200	0.08[c]
NiPc – CoTAA	无	5	1	2.15[d]	270	540	10 002	2.15[d]
Fe$_2$Mn PCN – 250	无	—	0.5	0.03[c]	1 325	5 184	60	0.01[c]
Pt@ Cu$_3$(HHTP)$_2$	无	—	3	0.89[c]	492	不可恢复	100	0.03[c]
LIG@ Cu$_3$(HHTP)$_2$	无	1	0.01	2.62[d]	16	15	1	0.66[d]
FIR – 120	>420 nm	5	1	1.16[e]	148	156	40	—
Fe$_2$O$_3$ – Cu$_3$(HHTP)$_2$	450~480 nm	—	5	0.62[c]	1 620	5 940	200	0.17[c]

注:(a)$R = R_g / R_a$;(b)$R = R_a / R_g$;(c)$R = (R_g - R_a)/R_a$;(d)$R = (I_g - I_a)/I_a$;(e)$R = I_g/(I_a - 1)$

　　以上 CoNiMOF/PHI 光电气敏检测性能测试结果表明,选用高结晶度氮化碳 PHI 基体、引入具有 Co 与 Ni 双金属节点的二维 MOF 纳米片和构建维度匹配的异质结界面可提升 g－C₃N₄ 的传感检测性能,实现对 NO₂ 微克级的高灵敏度、高选择性和良好稳定性的检测。综上可得出结论:基于 CoNiMOF/PHI 的传感器在 NO₂ 气体检测方面具有巨大的应用潜力。

6.3.2 光电气敏检测性能提升机制分析

6.3.1 的实验结果表明,成功构建 CoNiMOF/PHI 异质结可极大提升 g－C₃N₄ 的光电气敏检测性能。从光生电荷分离、转移和对待测物的吸附性能两方面分析其性能提升的内在机制。由半导体材料光电气敏检测的传感机理可知,半导体材料的光生电荷分离和转移性能是影响其气敏传感检测性能的关键因素。光生电荷分离能力越强,光生电子越容易被吸附的 NO₂ 捕获,从而产生较高的气敏响应值,所制备的器件检测性能也就相对更优异。

利用瞬态荧光光谱分析不同单体样品和复合体样品的荧光寿命变化。实验测试数据采用多指数动力模型进行拟合,得到图 6－29。由图可知,H－CN、NiMOF/CN、CoNiMOF/CN、PHI 和 CoNiMOF/PHI 的荧光寿命依次递减,电荷转移效率则依次递增,其中 CoNiMOF/PHI 的荧光平均寿命最短,仅为1.55 ns,而电荷转移效率则高达55.07%,表现出了最优异的电荷分离能力,对应于最优异的气敏检测性能。这说明成功构建异质结为光生电子提供了更多的传输通道,有效提升了电荷分离能力,从而达到了提升其光电气敏检测性能的目的。

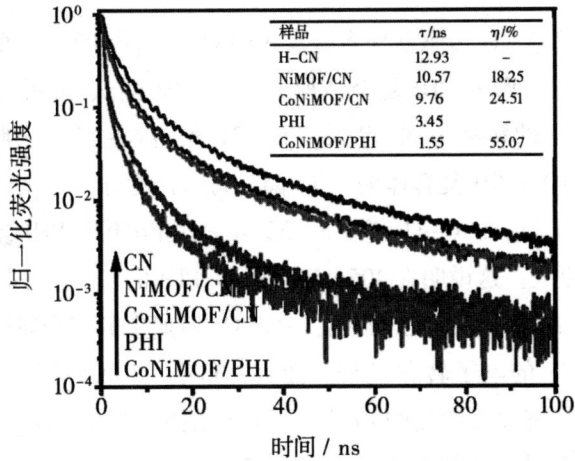

样品	τ/ns	η/%
H-CN	12.93	-
NiMOF/CN	10.57	18.25
CoNiMOF/CN	9.76	24.51
PHI	3.45	-
CoNiMOF/PHI	1.55	55.07

注：实线为多指数拟合曲线，插入的表格为样品的平均荧光寿命（τ）及电荷转移效率（η）汇总

图 6-29　H-CN、NiMOF/CN、CoNiMOF/CN、PHI 和 CoNiMOF/PHI 的瞬态荧光光谱

　　与此同时，对比 H-CN、NiMOF/CN、CoNiMOF/CN、PHI 和 CoNiMOF/PHI 四个样品的稳态荧光光谱，如图 6-30 所示，也可验证这一结论。四个样品的稳态荧光强度依次递减，CoNiMOF/PHI 异质结复合体的荧光强度最弱，对应着最好的电荷分离能力。

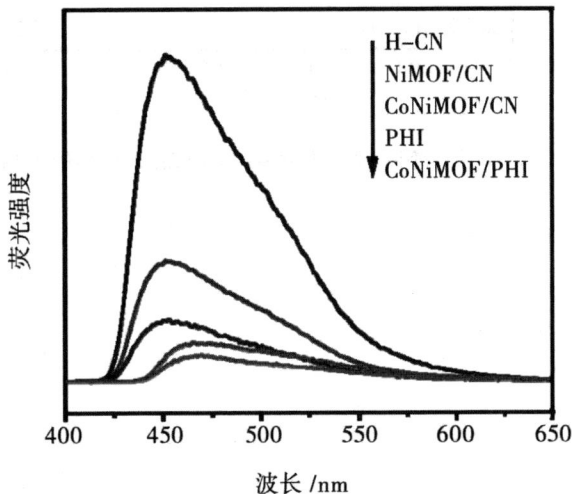

图 6-30　H-CN、NiMOF/CN、CoNiMOF/CN、PHI 和 CoNiMOF/PHI 的稳态荧光光谱

　　选用与光电气敏传感器件光激发相同的条件,即 405 nm 的可见光作为激发光源对 CoNiMOF/PHI 复合体样品进行 XPS 测试,分析可见光光照条件下,光生电子的转移方向,得到图 6 - 31 和图 6 - 32。光照后,NiMOF/PHI 和 CoNiMOF/PHI 复合体的 N 1s 都向高结合能方向移动,Ni 2p 向低结合能方向移动。由图 6 - 31 和图 6 - 32 可知,CoNiMOF/PHI 复合体样品的结合能变化更大。这说明在 405 nm 光照下,PHI 的光生电子被激发后转移至 CoNiMOF 的 Ni 金属中心位点上,引入 Co 所产生的双金属协同作用更利于 PHI 到 MOF 的电子转移过程。图 6 - 33 为 NiMOF/PHI 和 CoNiMOF/PHI 在 405 nm 光激发前后的 Co 2p 的 XPS 谱图。其中,Co 2p 向高结合能方向移动,是因为双金属节点带来了电荷分布差异。

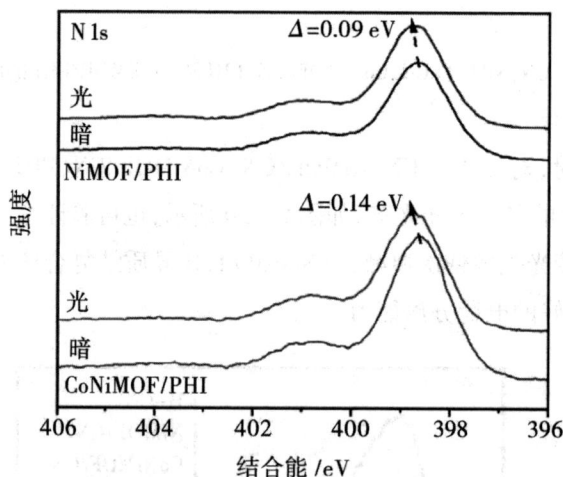

图 6 - 31　NiMOF/PHI 和 CoNiMOF/PHI 在 405 nm 光激发前后的 N 1s 的 XPS 谱图

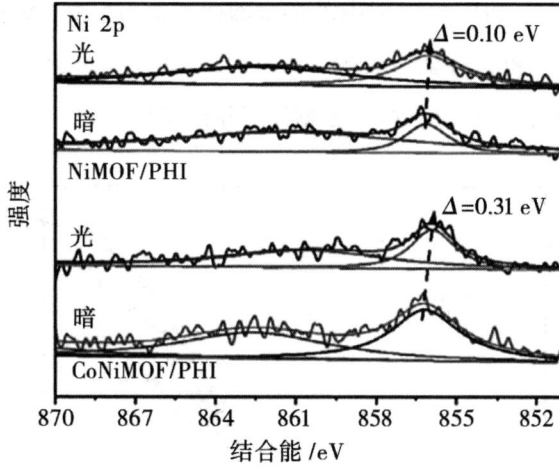

图 6 - 32　NiMOF/PHI 和 CoNiMOF/PHI 在 405 nm 光激发前后的 Ni 2p 的 XPS 谱图

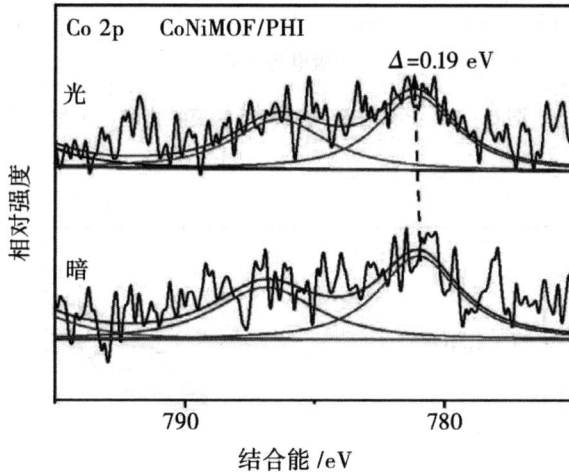

图 6 - 33　NiMOF/PHI 和 CoNiMOF/PHI 在 405 nm 光激发前后的 Co 2p 的 XPS 谱图

通过莫特肖特基曲线和紫外可见吸收测试可确认 PHI 与 CoNiMOF 的能带位置和所构建的异质结内在电场的电荷转移机制。由图 6 - 34 和图 6 - 35 可知,莫特肖特基直线部分的斜率大于零,所以两个样品材料都可确认为 n 型半导体。PHI 与 CoNiMOF 的导带位置分别为 - 0.53 V 和 - 0.82 V,利用 Tauc plots 公式对紫外可见吸收光谱进行拟合计算得到图

163

6-36。由图可知,PHI 和 CoNiMOF 的带隙值分别为 2.53 eV 和 2.43 eV,其中可得到两者的价带分别为 2.03 eV 和 1.61 eV。二者之间具有能带交错的结构,能级结构位置符合构建 Z 型异质结的条件。

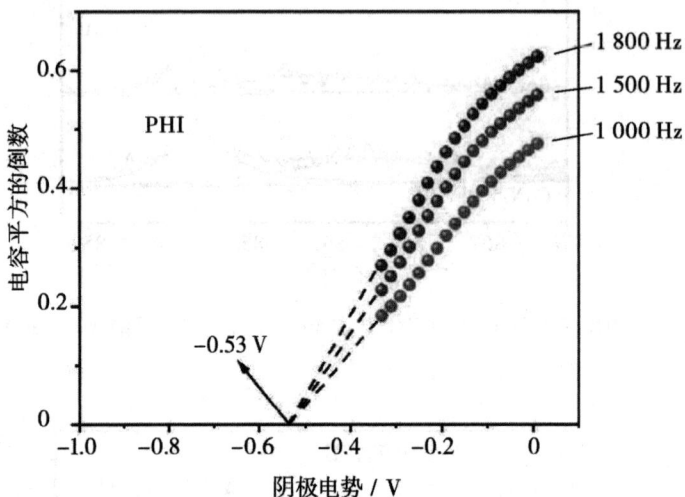

图 6-34 PHI 在不同频率下的莫特肖特基曲线

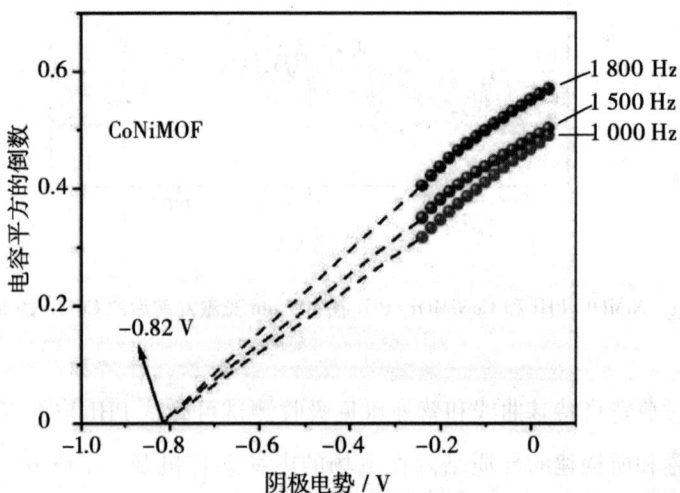

图 6-35 CoNiMOF 在不同频率下的莫特肖特基曲线

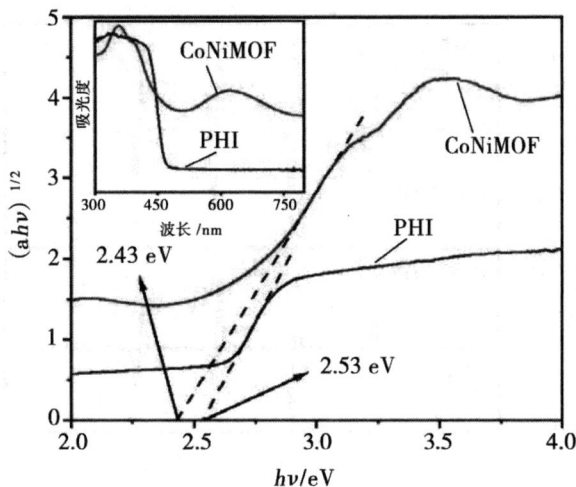

图6-36　利用 Tauc plots 公式对紫外可见吸收光谱拟合计算的
PHI 和 CoNiMOF 的带隙宽度

　　电子顺磁共振谱（EPR）可用于定量和定性分析样品中常见自电基的未成对电子，从而揭示其结构特性。此外，利用 EPR 可确认 Z 型异质结内建电场中电子转移的方向。图6-37 与图6-38 均为 PHI、CoNiMOF 和 CoNiMOF/PHI 的 EPR 谱图。从中可知，可见光照射下，PHI 和 CoNiMOF/PHI 两个样品都可被检测到 1:1:1:1 的 DMPO - ·OH 信号与 DMPO - ·O_2^- 信号，其中，CoNiMOF/PHI 的信号远高于 PHI 样品。这说明 CoNiMOF/PHI 符合 Z 型异质结的电荷转移模式。

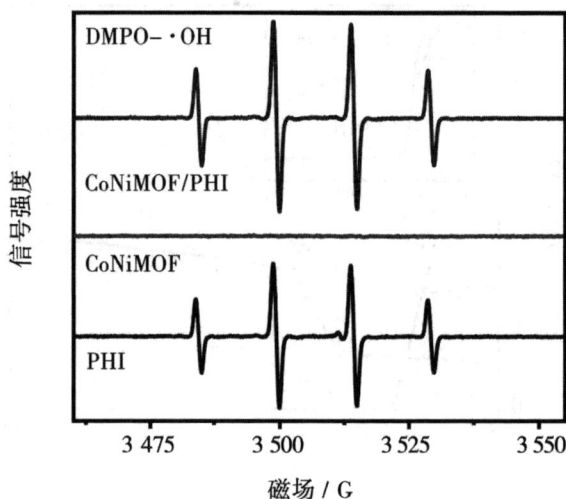

图 6 - 37 PHI、CoNiMOF 和 CoNiMOF/PHI 的 EPR 谱图

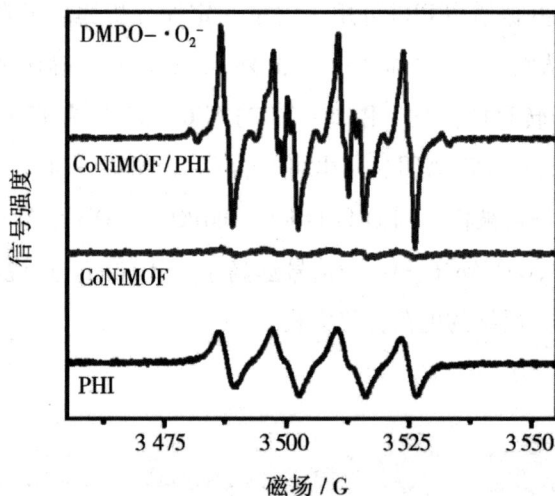

图 6 - 38 PHI、CoNiMOF 和 CoNiMOF/PHI 的 EPR 谱图

　　探索不同样品对 NO_2 的吸附能力对深入了解 NO_2 光电气敏传感检测的作用机制有着重要的意义。利用程序升温脱附(TPD)技术探究不同样品对于 NO_2 气体的吸附能力,探究结果如图 6 - 39 所示。由图可知,与

H－CN 相比,NiMOF/CN 在 300 ℃ 出现新的脱附峰,这意味着引入 NiMOF 增强了样品对 NO_2 的吸附能力及吸附量。CoNiMOF/CN 复合材料在更高温度出现脱附峰且峰面积增加,而 CoNiMOF/PHI 出现脱附峰的位置对应的温度最高且峰面积最大,这表明 CoNiMOF/PHI 复合材料对 NO_2 具有更强的吸附能力。

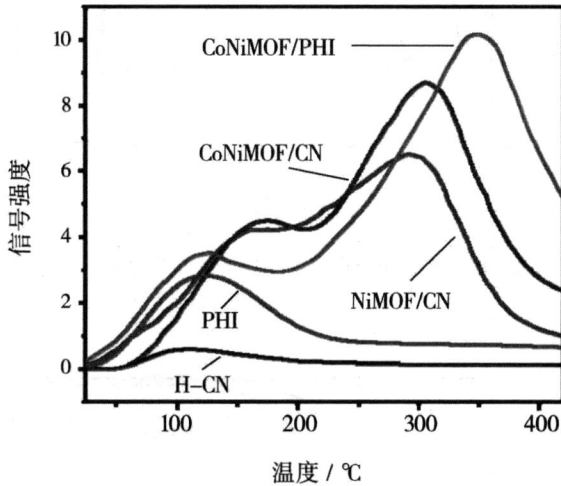

图 6－39　H－CN、NiMOF/CN、CoNiMOF/CN 和 CoNiMOF/PHI 的 NO_2－TPD 曲线图

此外,利用电化学还原测试分析比较了不同气氛下 CoNiMOF/PHI 异质结与单体材料的活化能力。如图 6－40 和图 6－41 所示,在 N_2 和 NO_2 两种气氛下,CoNiMOF/PHI 异质结都具有最低的起始电位,说明经过复合,该异质结体系的活化能力有了显著提升,非常利于 NO_2 的吸附活化,能够表现出优异的传感检测性能。

167

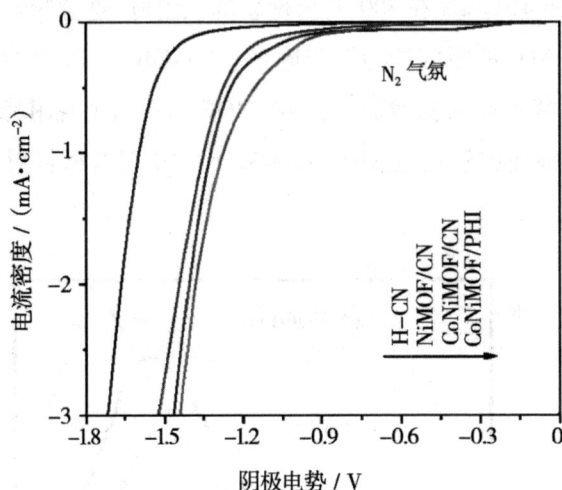

图 6-40　H-CN、NiMOF/CN、CoNiMOF/CN 和 CoNiMOF/PHI 在 N_2 气氛下的还原曲线图

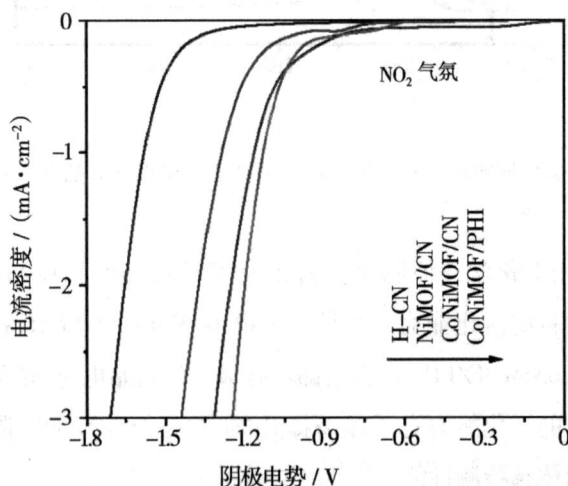

图 6-41　CN、NiMOF/CN、CoNiMOF/CN 和 CoNiMOF/PHI 在 NO_2 气氛下的还原曲线图

通过以上实验研究,可将 CoNiMOF/PHI 异质结所具有的优异光电气敏传感性能的气敏作用机制总结为:构建维度匹配的二维纳米片异质结可以得到更强的电荷分离性能和更丰富的选择性吸附位点,二者协同作用可以有效提升 g-C_3N_4 材料的传感检测性能。图 6-42 为 CoNiMOF/PHI 的

传感机制示意图。

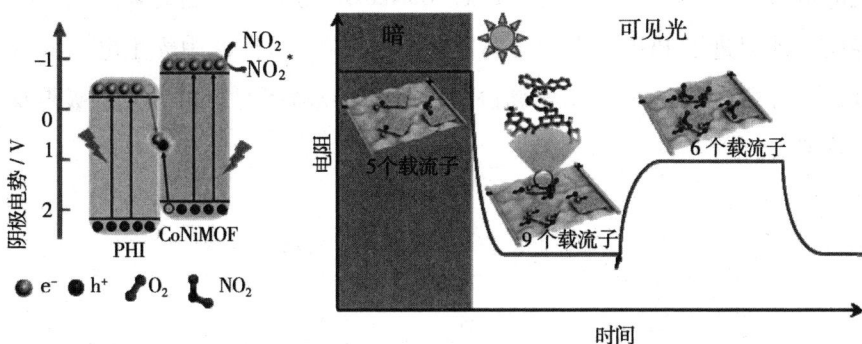

图 6 - 42　CoNiMOF/PHI 在 405 nm 光照射条件下 NO$_2$ 光电检测的传感机制

在 405 nm 的光激发条件下，PHI 和 CoNiMOF 受到光激发产生光生电子－空穴对，因为 PHI 和 CoNiMOF 之间存在 Z 型电荷转移机制，所以 CoNiMOF 可保留更多的光生电子，这些电子随后会转移到不饱和的 Ni（Ⅱ）位点并吸附 O$_2$。在空气气氛中，除了 CoNiMOF 上的光生电子部分被 O$_2$ 捕获外，光生电子还倾向于扩散到正极表面，而界面附近的空穴则转移到负极，直至达到平衡。当向体系输入 NO$_2$ 气体时，CoNiMOF 上高度分散的 Co 和 Ni 双金属位点能够协助吸附更多的 NO$_2$，Ni（Ⅱ）位点捕获生成 $*$NO$_2$，然后和 MOF 表面的 $*$O$_2$ 反应生成 $*$NO$_3^-$，导致 CoNiMOF/PHI 体系内电子载流子浓度降低，产生电阻响应信号。当停止通入 NO$_2$ 气体时，吸附在 Ni（Ⅱ）位点的 NO$_2$ 脱落，体系内电子载流子浓度恢复，电阻响应信号发生变化。因此可得出结论，将增强电荷分离和丰富选择性吸附位点相结合，可提高 CoNiMOF/PHI 的响应性能。

6.4　本章小结

本章通过湿化学法构建了维度匹配的二维双金属 CoNiMOF/PHI 异质结复合材料。该材料表现出优异的 NO$_2$ 光电气敏传感检测性能。此外，本章还利用瞬态荧光光谱、NO$_2$ - TPD 及电化学还原测试等方法，对光生电荷

分离及 NO_2 光电气敏检测机制进行了深入研究。该材料光电气敏检测性能的提高主要归因于两方面：一方面，CoNiMOF 与 PHI 构建的 Z 型异质结界面有效促进了 PHI 的电荷分离能力，从而提升了体系中光生电子的浓度；另一方面，Co 与 Ni 的双金属协同作用显著增强了材料对 NO_2 的吸附及活化能力。

第 七 章

传感应用导向氮化碳基纳米材料的发展机遇与挑战

7.1　引言

以 $g-C_3N_4$ 为代表的氮化碳基纳米材料是一种具有二维片层结构的无金属有机聚合物半导体,具有无毒、低成本、易制备等优点。其优异的机械稳定性、热稳定性和物理化学稳定性,使其在光电应用中极具发展前景。目前,$g-C_3N_4$ 已被广泛研究,并在光电子及其他相关领域引起了极大的关注,包括能源领域、电子领域、生物医学领域等。此外,为了满足不同应用领域的特殊要求,对 $g-C_3N_4$ 的改性研究也在不断发展和完善。本章对传感应用导向的功能化氮化碳基纳米材料改性的结构调控及其在荧光传感和光电气敏检测的应用拓展做进一步的总结和展望。

7.2　氮化碳基发光材料的发展与挑战

氮化碳基纳米材料具有优秀的"可塑性"。通过物理手段,如剥离和掺杂、与其他材料混合以形成氮化碳基复合物,使复合物具有更好的光电性能并显示出协同性能。此外,通过化学手段,如掺杂和改性,可以使材料具有光谱可调变性和带隙可调节性。原子掺杂是在 $g-C_3N_4$ 网络中引入杂原子,以显著改变原始 $g-C_3N_4$ 的电子能带结构、带隙和光电性能。掺杂作为一种改性策略,是对 g-C_3N_4 进行改性的常用方法,通常包括非金属掺杂、金属掺杂和非金属-金属共掺杂。

Guo 等人研究了掺杂原子类型 S 和 B 与掺杂浓度对 g-C_3N_4 结构和光学性质的影响。他们分别以硼酸和硫脲为 B 源和 S 源,与三聚氰胺混合,通过热缩聚法制备 B 和 S 掺杂的 g-C_3N_4 样品。随着掺杂浓度增加,B 掺杂的 g-C_3N_4 样品的光致发光光谱出现蓝移,而 S 掺杂的 g-C_3N_4 样品的光致发光光谱出现红移。用密度泛函理论研究,结果表明,B 的缺电子性使 B 掺杂的 g-C_3N_4 样品的电子分布非常不均匀,这是光致发光光谱蓝移的主要原因。相反,因为 S 具有富电子性,可促进 g-C_3N_4 网络中的 π 电子云离域,使其光学带隙变窄,所以光致发光光谱红移。因此,原子掺杂 g-C_3N_4 的可调光致发光是由掺杂原子引起的结构重构和电子重分布所致。随后,Tian 等人研究了磷(P)掺杂 g-C_3N_4 的光学性质,并将 P 掺杂 g-C_3N_4 光学性质的变化归因于掺杂引起的电子再分布。他们以磷酸铵为 P 源,与三聚氰胺混合,通过热缩聚法制备一系列 P 掺杂的 g-C_3N_4 样品。通过 XPS 表征发现,当 P 原子进入 g-C_3N_4 网络后,由于 P 原子具有亲核性,所以它将取代部分 C 晶格形成 P—N 键,改变 g-C_3N_4 网络的整体电子状态,从而改变其形貌和电子能带结构。P 原子掺杂诱导导带底部附近形成杂质能级,降低光学带隙,使光致发光光谱红移(从 441 nm 移动到 449 nm)和光谱线展宽(从 49 nm 增加到 65 nm),缩短其荧光寿命,从而实现对其光学性质的调控。

g-C_3N_4 材料本身具有与金属阳离子配位的优异结构基础。作为一种常见的修饰策略,M-N_x 结构的存在可提供许多活性位点,赋予金属掺杂 g-C_3N_4 材料新的、令人兴奋的光电性能。Mubeen 等人首次系统研究了过渡金属元素(包括 Cu、Co、Mn)掺杂对 g-C_3N_4 光学性质的影响。他们将相应的醋酸盐与三聚氰胺混合,通过传统的一步热聚合工艺获得了一系列过渡金属离子掺杂的 g-C_3N_4 样品。结果表明,在相同掺杂浓度下,不同金属离子掺杂的 g-C_3N_4 表现出不同的荧光猝灭行为,猝灭效率由高到低分别为 Cu^{2+}、Co^{2+}、Mn^{2+}。但在相同金属离子掺杂的前提下,随着金属离子掺杂浓度增加,光致发光光谱发生红移和猝灭,带隙减小,长波长处吸收带尾增加。金属离子掺杂 $g-C_3N_4$ 的可调谐光学性质的变化可归因于掺杂引起的结构重构和电子重分布。

稀土金属因对4f电子有屏蔽作用而具有独特光学性质,如高光学稳定性、纯色发光、大斯托克斯位移和宽荧光寿命范围。Lu 等人利用稀土金属的这一特性,将功能化 $g-C_3N_4$ 与 Eu(Ⅲ)结合,得到了一种颜色可调的发光 $g-C_3N_4$ 复合材料。功能化 $g-C_3N_4$ 不仅具有与 Eu(Ⅲ)配位良好的多功能载体,而且具有形成发光材料的支撑结构。因此,Eu 掺杂的功能化 $g-C_3N_4$ 显示出激发波长依赖性发光。通过控制功能化 $g-C_3N_4$ 的发光波长,可以调节两者之间的能量传递,从而显著提高 Eu(Ⅲ)的发光质量和效率。

分子改性是在 $g-C_3N_4$ 现有分子结构中嵌入结构匹配的芳香基团以调节 $g-C_3N_4$ 的共轭体系、电子性质、能带结构和重要的光电物理性质,改变其固有性质。目前,分子修饰 $g-C_3N_4$ 光学性质的相关研究报道中提到的修饰基团包括苯基、嘧啶、噻吩、萘等。苯基修饰的 $g-C_3N_4$ 由于制备简单、光学性能优异等优点,成为分子修饰 $g-C_3N_4$ 中最常用的修饰基团。Xu 等人在 2015 年首次报道了苯基修饰 $g-C_3N_4$ 的光电性质。他们以氰尿酸、2,4-二氨基-6-苯基-1,3,5-三嗪(DABT)和不同质量的巴比妥酸的混合物为前驱体,采用液基生长法在基底上沉积了一系列苯基修饰的 $g-C_3N_4$ 薄膜。在紫外光照射下,苯基修饰的 $g-C_3N_4$ 薄膜的荧光由原来的蓝色变为绿色。Xu 等人则选用巴比妥酸作为 $g-C_3N_4$ 掺杂剂。实验结果表明,巴比妥酸的存在破坏了 $g-C_3N_4$ 网络的有序排列结构,导致 $g-C_3N_4$ 带隙中形成新态,表现为荧光量子产率降低(从 17.9% 降低到 6.7%),荧光寿命缩短(从 12.1 ns 缩短到 4.7 ns)。随着巴比妥酸掺杂量的增加,$g-C_3N_4$ 薄膜的带隙逐渐变窄,光致发光光谱呈现红移趋势。Cui 等人在 Xu 等人的工作基础上,重点研究了苯基修饰的 $g-C_3N_4$ 量子点的光学性质。将苯基修饰的 $g-C_3N_4$ 量子点均匀分散在水中形成胶体悬浮液,显示出明亮的蓝色荧光,荧光量子产率为 48.4%,荧光寿命为 51.0 ns,光学性能远高于粉体。有趣的是,其斯托克斯位移高达 200 nm,高于 $g-C_3N_4$ 荧光团的最大值。Cui 等人详细讨论了苯基在 $g-C_3N_4$ 骨架中的

作用及其对 $g-C_3N_4$ 量子点光学性质的影响。学界已经发现苯基基团的存在可增加 $g-C_3N_4$ 网络的共轭度,特别是在颗粒表面上,可诱导表面封端并避免非辐射复合,使苯基修饰的 $g-C_3N_4$ 量子点显示出更高的荧光量子产率、更长的荧光寿命和更大的斯托克斯位移。胶体悬浮液的稳定性也得益于富电子基团苯基的存在。此外,在前驱体中加入巴比妥酸可以将更多的 C 原子引入 $g-C_3N_4$ 网络中,令量子点的荧光光谱发生红移,从而为实现可调谐荧光奠定基础。Chen 等人首次系统地研究了热缩聚的温度和时间对苯基修饰 $g-C_3N_4$ 样品光学性能的影响,提出了制备苯基修饰 $g-C_3N_4$ 样品的最佳工艺参数。研究发现,随着热缩聚温度升高或热缩聚时间延长(最长至 40 min),样品的聚合度逐渐增大、电子云离域增强、π 共轭度增加、带隙减小、荧光光谱红移、荧光强度和荧光量子产率逐渐降低。研究结果表明,最佳热缩聚温度为 400 ℃,最佳热缩聚时间为 40 min。在此条件下,苯基修饰的 $g-C_3N_4$ 粉末显示出强的绿色荧光,荧光量子产率高达 38.08%。这与一些量子点相当。值得一提的是,苯基修饰的 $g-C_3N_4$ 样品的热缩聚温度(400 ℃)远低于原始 $g-C_3N_4$ 样品的热缩聚温度(通常高于 500 ℃),前者的热缩聚时间(40 min)也远低于后者(通常超过 2 h)。其原因可能是苯基取代了末端氨基,提高了 $g-C_3N_4$ 网络的共轭度,使缩合反应在较低温度和较短时间内完成。Zhang 等人首次报道了苯基修饰的 S 掺杂 $g-C_3N_4$ 样品的可调谐荧光光谱。通过结合原子和分子水平的修饰策略,用三硫代氰尿酸代替氰尿酸,成功地实现了苯基修饰 $g-C_3N_4$ 样品的可调谐荧光光谱。结果表明,随着三硫代氰尿酸掺杂量增加,CN 粉末和氮化碳纳米片的荧光都发生红移:CN 粉末从绿色到橙红色(520 ~ 630 nm),氮化碳纳米片从蓝红色到橙黄色(460 ~ 580 nm)。荧光激发光谱变宽,可见光吸收程度增加。随着三聚氰酸掺杂量增加,粉体的荧光量子产率从 46% 下降到 22%。结果表明,三硫氰酸掺杂量越高,$g-C_3N_4$ 网络中加入的三嗪单元越多,π 共轭体系的共轭度越大,与荧光波长红移相关的禁带宽度越窄。根据这一掺杂机理,通过控制三硫氰尿酸的掺杂量,可以得到荧光光谱可调的改性 $g-C_3N_4$ 样品。但值得注意的是,三硫氰尿酸的掺杂量越高,结构畸变引起的非辐射复合率越高,这也是改性 $g-C_3N_4$

样品荧光量子产率和荧光强度下降的原因。因此,在不牺牲 $g-C_3N_4$ 材料本身光学性能的前提下,探索一种新的修饰机制,实现材料荧光光谱的可调谐,在光电子学领域具有重要意义。Meng 等人首次报道了具有聚集诱导发光性质的高荧光 $g-C_3N_4$ 寡聚物,为大规模制备高纯度有机发光物质提供了非常规策略。该 $g-C_3N_4$ 寡聚物是 DABT 前驱体在低温下的线性缩合产物,即 DABT 二聚体,经溶剂洗涤可容易地获得克级纯度 > 93% 的 DABT 二聚体。DABT 二聚体通过亚胺基团连接并且可以旋转,正是这种结构特征使它们具有聚集诱导发射特性。结果表明,在分散态下,由于亚胺基团的自由旋转,DABT 二聚体的电子激发态产生有效的分子内非辐射失活,导致荧光强度显著降低。然而,在聚集和固态条件下,由于聚集引起的分子内运动的限制,非辐射途径被阻断,结果便导致聚集诱导的强光致发光和高达 58% 荧光量子产率。

除了苯基作为修饰基团外,萘具有比苯基更强的刚性结构和更大的电子云密度。采用萘作为 $g-C_3N_4$ 材料的修饰基团,可获得不同的光电性能。Tang 等人选用常规的三聚氰胺和三聚氰酸为前驱体,以 6 - (萘 - 2 - 基) - 1,3,5 - 三嗪 -2,4 - 二胺为分子掺杂剂引入萘基团,最后共聚形成萘改性的 $g-C_3N_4$ 样品。发现不同分子掺杂量对萘改性 $g-C_3N_4$ 样品的光致发光峰位没有显著影响,但对光致发光强度有显著影响。结果表明,发光性能最好的样品的光致发光光谱为宽谱带(410 ~650 nm),发光峰位于 485 nm(原始样品为 455 nm)。发光颜色由原来的深蓝色变为蓝绿色,荧光量子产率从 5.1% 提高到 11.3%。He 等人采用了与三嗪环具有相似环结构的嘧啶环,将其嵌入三嗪单元中,改变了 $g-C_3N_4$ 结构的骨架,首次报道了光致发光波长可控的嘧啶环 - 共轭 $g-C_3N_4$ 量子点。Tang 等人证明了嘧啶环共轭缺氮 $g-C_3N_4$ 样品的光致发光波长可以从蓝光调谐到宽带白色光,最佳白色光位置为(0.297,0.345),这也为窄禁带、大吸收范围 $g-C_3N_4$ 材料直接发射白色光提供了研究依据。光致发光光谱可调谐是 π 共轭系统的扩展和缺陷态的形成的协同结果,这改变了相应的窄带隙辐射发射过渡。这一研究结果克服了传统 $g-C_3N_4$ 因调整范围窄而对其光学性能有所限制的缺点,并推动了其在光电领域的应用。

目前,氮化碳基纳米材料光电特性的相关应用已经在传感领域取得了不少的重要成果,但仍存在一些亟待解决的问题,例如:(1)难以实现制备理想的无缺陷 $g-C_3N_4$ 模型材料的目标;(2)$g-C_3N_4$ 及其衍生物的荧光量子产率通常较低,其光致发光机制及其衍生物的光学性质的相关研究仍存在不足;(3)改性和掺杂机制仍不清楚。改性 $g-C_3N_4$ 材料中异原子或改性基团的作用机制,以及氮化碳基复合物中的掺杂机制,仍缺乏深入和系统的研究;(4)$g-C_3N_4$ 及其衍生物的电子–空穴迁移率较低,这大大阻碍了其在光电领域的应用。

7.3　氮化碳基气敏材料的发展与挑战

以 $g-C_3N_4$ 为代表的氮化碳基纳米材料具有由芳香平面组装而成的层次结构和由多个 sp、sp^2 和 sp^3 杂化碳原子和氮原子组成的 π 共轭 s–三嗪单元,形貌易于控制,可为气敏反应提供更大的比表面积和更多的反应位点。此外,$g-C_3N_4$ 可与多种类型半导体纳米材料形成异质结,有利于电子转移。由于存在窄带隙(2.7 eV),价带中的电子在可见光照射下很容易被激发到导带中,从而具有优异的催化活性,有利于降低气敏所需的活化能。因此,氮化碳基纳米材料在气敏领域具有较高的应用潜力。但其现阶段的发展仍存在一些不足,这限制了其在气敏领域的进一步应用。例如:(1)前驱体直接钙化得到的材料在可见光照射下通常表现为缩合和填充结构,降低了材料的比表面积。(2)原始材料在可见光照射下的导电性较差,载流子迁移率低,阻碍了传感信号快速传输。(3)原始材料在可见光照射下的气敏特性较差,如气敏响应低、工作温度高、选择性差。鉴于此,本小节将介绍氮化碳基纳米材料的各种改性策略,包括形貌控制、元素掺杂、异质结构构建等气敏领域的改性策略,然后指出氮化碳基纳米材料提高传感性能所面临的挑战。最后,提出潜在的解决策略。

$g-C_3N_4$ 作为一种典型的无金属半导体,可以通过有效调节多种氧化物的电学性质来促进不同类型的化学反应。然而,直接热缩聚法制得的

$g-C_3N_4$ 的气敏性能并不理想,这主要是由于高度复合的电子和空穴以及低浓度的载流子导致了较高的基线电阻。Zhu 等人的研究证实了这一观点。他们通过第一性原理计算研究了 $g-C_3N_4$ 的态密度和分子轨道。结果表明,价带边主要由 N 2 原子组成,导带边主要由 C 1、C 2、N 2 和 N 3 原子组成。然而,桥接 N (N 1)原子对两个能带没有贡献。因此,没有电子被激发到 N 1 原子上。但通过 N 1 原子连接的七嗪单元,电子转移被抑制以致电子和空穴高度复合、载流子浓度低。因此,人们采用多种方法来调整其电子结构以提高 $g-C_3N_4$ 的气敏性能。

材料的微观结构对传感性能有很大的影响。纳米材料具有开放的层次结构与较大的表面积,为氧化还原反应提供了更多的表面活性位点。目前,人们已经研究出不少不同形态的 $g-C_3N_4$ 来提高其表面活性。Zhao 等人以双氰胺为前驱体,SiO_2 颗粒为硬模板,合成了三维有序大孔(3DOM)结构氮化碳基纳米材料。所制备的 3DOM 氮化碳基纳米材料具有较大的比表面积和较丰富的大孔隙,其孔隙直径和孔隙度可通过控制 SiO_2 的数量和粒度来调节。它可以提供更多的表面反应位点和更多的气体传输通道,有利于气体与材料之间的接触。Wang 等人采用水热法制备了二维氮化碳纳米片装饰的 SnO_2($SnO_2/g-C_3N_4$)花状纳米棒,探讨了 $SnO_2/g-C_3N_4$ 的气敏机理。$SnO_2/g-C_3N_4$ 花状纳米棒二维结构具有较大的比表面积,可提供更多的反应位点来促进吸附氧与乙醇分子的反应。此外,高势垒可以抑制电子和空穴复合,促进乙醇蒸气与传感材料之间的电子转移。Pasupuleti 等人通过搅拌和超声波的方法制备了 2D $g-C_3N_4$@TiO_2 纳米板(NP)。由于加入 $g-C_3N_4$,该传感器的 LOD 可以达到 53 $\mu g/L$。由于大表面积和多氧空位之间的协同作用,传感器也表现出良好的 NO_2 选择性。Li 等人通过水热法制备了一种新型的分层状珊瑚状氮化碳基纳米结构。得益于开放边界的相互连接的多孔结构,珊瑚状氮化碳基纳米复合材料可以防止光电产生的电子与空穴重组,有利于捕获抗体的固定化和抗体-抗原结合效率,使光电流响应增强。这种新型光电化学免疫分析法对甲硝唑具有较高的检测性能。

如上所述,控制 $g-C_3N_4$ 的形貌可以增加材料的比表面积、为气敏反应提供更多的表面活性吸附位点和目标气体传输通道,从而有效地增强气敏性能。它还能在复合材料表面提供更多的吸附氧,令更多的气体分子参与气敏反应,从而提高材料的气敏性能。

掺杂合适离子半径和价态的元素是调节气体传感载流子密度和能带结构的常用策略。调节 $g-C_3N_4$ 的内部禁带结构已被广泛用于调控其气敏性能。Hu 等人利用固相前驱体合成方法成功制备了共掺杂氮化碳和 ZnO(CoC_3N_4/ZnO)复合材料,用于检测苯、甲苯、乙苯和二甲苯气体。Qiu 等人通过实验和模拟研究了 Co 掺杂浓度对 $g-C_3N_4$ 光学性质的影响。与未掺杂前相比,Co 掺杂的材料表现出优异的光学性能,如吸收性能和光电导率。这说明元素掺杂有效地提高了材料的导电性,降低了材料的吸附能,对提高材料的气敏性能起着非常重要的作用。Imanzadeh 等人通过密度泛函理论计算研究了 H_2S 气体在 p 掺杂 $g-C_3N_4$ 上的吸附行为。结果表明,p 掺杂的 $g-C_3N_4$ 体系比原始未掺杂的 $g-C_3N_4$ 体系对 H_2S 气体更敏感。p 掺杂后,在费米能级附近的杂质能态使改进的 $g-C_3N_4$ 体系的电导率显著提高。此外,对于 p 掺杂的 $g-C_3N_4$,原始的二维结构发生弯曲,增加了力学稳定性。电子从过渡金属轨道转移到 H_2S 轨道,促进了表面吸附。Chen 等人通过密度泛函理论计算研究了 B-Zn 共掺杂促进了甲醛分子在 $g-C_3N_4$ 表面吸附,使未掺杂表面的吸附位增加到掺杂表面的三个。共掺杂体系能明显调控材料的电子结构,产生"1 + 1 > 2"的协同效应。B-Zn 共掺杂后,$g-C_3N_4$ 的电子结构和电荷分布发生明显改变,直接降低了纯 $g-C_3N_4$ 的带隙,提高其电导率。此外,吸附位点由未掺杂表面的一个增加到掺杂表面的三个,使甲醛分子与掺杂表面之间产生了较强的相互作用,从而增强了甲醛吸附,提高了气敏性能。Iqbal 等人制备了含丰富 N 空位的碘掺杂氮化碳复合材料。这种特殊的纳米结构暴露了更多的表面和介孔,带来了更多的潜在反应位点,促进了物质的共同扩散作用与光生电子-空穴对分离。

如上所述,元素掺杂、调整能带结构和转向电子转移可以促进气体与材料之间的反应,从而显著改善的气敏性能。元素掺杂后会产生更多的活性位点,降低材料的吸附能,促进目标气体在材料表面的吸附。元素掺杂还能有效地提高材料的导电性和载流子的活性。此外,被掺杂的元素会与材料元素形成共价键,吸引更多的活性氧,进一步提高材料的催化活性。这将导致更多的表面氧物质与周围的气体分子反应,增强传感器的气体传感性能。

构建有效的异质结构、促进空穴转移和载流子运输与内部电场构建是改善材料气敏特性的重要途径。当两种材料形成异质结构时,由于材料的功函数不同,材料中费米能级较高的电子会流向较低的材料。在异质界面上,两种不同材料之间的电子转移可能会产生一个耗尽层和势垒以平衡费米能级。这种势垒会改变传感材料的电导率,对目标气体产生更灵敏的作用。此外,与贵金属杂化会在金属 - 半导体界面产生肖特基势垒,促进金属氧化物与贵金属之间的电子转移达到平衡,增强传感性能,加快传感瞬态。通常设计采用的是Ⅱ型异质结,而 Z 型异质结一般由两种交错的半导体材料和导电介质组成。光生电子和空穴的特定部分被消耗或因两种材料与介质之间的内部作用被保留,从而具有较强的氧化还原能力。因此,它具有有效分离电子 - 空穴对和保留强氧化还原活性位点的优点。该方法在气体传感领域具有一定的应用价值。然而目前,Z 型异质结很少被应用于气体传感领域。Wu 等人通过简单的两步反应路线合成了一种新型全固态 Z 型光催化剂 $g-C_3N_4/Ag/Ag_3VO_4$。全固态 Z 型光催化系统由两个光催化剂通过电子穿梭介质构建而成。在这个系统中,两种光催化剂的能带位置类似于Ⅱ型异质结。然而,当整个体系被紫外光或可见光照射时,导带中具有较强还原能力的光生电子和价带中具有较强氧化能力的光生空穴可被用于光催化降解过程。低导带的电子和高价带的空穴通过电子穿梭介质进行重组。该工艺具有较高的电荷分离效率和较强的氧化还原能力。Z 型异质结构的这种工作原理对提高材料的气敏性能具有重要意义。Song 等人利用水热法合成了 $BiOCl/C/g-C_3N_4$ 催化剂。BiOCl 与 $g-C_3N_4$ 界面之间会形成内置电场从而抑制电子 - 空穴复合。

如前所述,材料的气敏性能可以通过构建非均质结构得到改善。由于形成异质结,电子从一种材料的导带流向另一种材料的导带,直到费米能级达到平衡。因此,在界面处会产生电子耗尽层,这将促使界面处产生大量的氧吸附位点。此外,贵金属纳米粒子与金属氧化物半导体杂化形成纳米肖特基结,可通过化学敏化和电子敏化进一步提高传感性能。

迄今为止,氮化碳基纳米材料作为一种不含金属的半导体材料,因其具有易于调节和控制的特点,在气敏领域受到了广泛的关注。形态调控将增加 $g-C_3N_4$ 的比表面积,为气敏反应提供更多的反应位点。通过掺杂元素,可以调整 $g-C_3N_4$ 的能带结构,提高材料的载流子迁移率和电导率。元素掺杂还可以显著降低材料的吸附能,并提供更多的活性氧以增强材料的气敏性能。此外,掺杂不同元素也会相应地改变材料的选择性。构建异质结构可以促进 $g-C_3N_4$ 与金属氧化物之间的电荷转移,平衡材料的费米能级,提高材料的导电性和气敏性。氮化碳基气敏材料的研究与应用将在不断的探索中取得巨大的进步。

参考文献

［1］曲滨鸿.光驱动检测环境物质的超薄氮化碳基纳米材料的制备及机制研究［D］.哈尔滨:黑龙江大学,2023.

［2］杨帆.纳米 $g-C_3N_4$ 光生电荷调控及室温 NO_2 光电气敏传感性能［D］.哈尔滨:黑龙江大学,2022.

［3］YANG Y,ZHANG X R,JIANG J Y,et al. Which micropollutants in water environments deserve more attention globally［J］. Environmental Science & Technology,2022,56(1):13-29.

［4］HERNANDEZ F,PORTOLÉS T,PITARCH E,et al. Target and nontarget screening of organic micropollutants in water by solid-phase microextraction combined with gas chromatography/high-resolution time-of-flight mass spectrometry［J］. Analytical Chemistry,2007,79(24):9494-9504.

［5］HAVLÍKOVÁ L,MATYÁŠ R,IHNÁT L,et al. Degradation study of nitroaromatic explosives 2-diazo-4,6-dinitrophenol and picramic acid using HPLC and UHPLC-ESI-MS/MS［J］. Analytical Methods,2014,6(13):4761-4768.

［6］WU T,ZANG X H,WANG M T,et al. Covalent organic framework as fiber coating for solid-phase microextraction of chlorophenols followed by quantification with gas chromatography-Mass Spectrometry［J］. Journal of Agricultural and Food Chemistry,2018,66(42):11158-11165.

[7]HONG X J,WEI Q,CAI Y P,et al. 2 – fold interpenetrating bifunctional Cd – metal – organic frameworks: highly selective adsorption for CO_2 and sensitive luminescent sensing of nitro aromatic 2,4,6 – trinitrophenol[J]. ACS Applied Materials & Interfaces,2017,9(5):4701 – 4708.

[8]YANG L X,CHEN B B,LUO S L,et al. Sensitive detection of polycyclic aromatic hydrocarbons using Cd – Te quantum dot – modified TiO_2 nanotube array through fluorescence resonance energy transfer [J]. Environmental Science&Technology,2010,44(20):7884 – 7889.

[9]ZHANG D J,HAO R,ZHANG L L,et al. Ratiometric sensing of polycyclic aromatic hydrocarbons using capturing ligand functionalized mesoporous Au nanoparticles as a surface – enhanced Raman scattering substrate [J]. Langmuir,2020,36(38):11366 – 11373.

[10]ZHANG C L,ZHANG S M,YAN Y H,et al. Highly fluorescent polyimide covalent organic nanosheets as sensing probes for the detection of 2,4,6 – trinitrophenol[J]. ACS Applied Materials & Interfaces, 2017, 9 (15): 13415 – 13421.

[11] LIEBIG J V. Uber einige Stickstoff – Verbindungen [J]. Annalen der Pharmacie,1834,10(1):1 – 47.

[12]LIU A Y,COHEN M L. Prediction of new low compressibility solids[J]. Science,1989,245 (4920):841 – 842.

[13]TETER D M,HEMLEY R J. Low – compressibility carbon nitrides[J]. Science,1996,271 (5245):53 – 55.

[14]GOETTMANN F,FISCHER A,ANTONIETTI M,et al. Chemical synthesis of mesoporous carbon nitrides using hard templates and their use as a metal – free catalyst for friedel – crafts reaction of benzene [J]. Angewandte Chemie International Edition,2006,45 (27):4467 – 4471.

[15] WANG X C,MAEDA K,THOMAS A,et al. A metal – free polymeric photocatalyst for hydrogen production from water under visible light[J]. Nature Materials,2009,8 (1):76 – 80.

[16] WANG Y, WANG X C, ANTONIETTI M. Polymeric graphitic carbon nitride as a heterogeneous organocatalyst: from photochemistry to multipurpose catalysis to sustainable chemistry[J]. Angewandte Chemie International Edition, 2012, 51 (1):68 – 89.

[17] KROKE E, SCHWARZ M, HORATH – BORDON E, et al. Tri – s – triazine derivatives. Part I from trichloro – tri – s – triazine to graphitic C_3N_4 structures[J]. New Journal of Chemistry, 2002, 26(5):508 – 512.

[18] BOJDYS M J, MÜLLER J O, ANTONIETTI M, et al. Ionothermal synthesis of crystalline, condensed, graphitic carbon nitride [J]. Chemistry – A European Journal, 2008, 14(27):8177 – 8182.

[19] WIRNHIER E, DÖBLINGER M, GUNZELMANN D, et al. Poly(triazine imide) with intercalation of lithium and chloride Ions $[(C_3N_3)_2 (NH_xLi_{1-x})_3 LiCl]$: a crystalline 2D carbon nitride network [J]. Chemistry – A European Journal, 2011, 17(11):3213 – 3221.

[20] CHEN L C, SONG J B. Tailored graphitic carbon nitride nanostructures: synthesis, modification, and sensing applications[J]. Advanced Functional Materials, 2017, 27(39):1702695.

[21] WANG Y, ZHANG R, ZHANG Z Y, et al. Host – guest recognition on 2D graphitic carbon nitride for nanosensing[J]. Advanced Material Interfaces, 2019, 6(23), 1901429.

[22] PIAO H Y, CHOI G, JIN X Y, et al. Monolayer graphitic carbon nitride as metal – free catalyst with enhanced performance in photo – and electro – catalysis[J]. Nano – Micro Letters, 2022, 14(1):55.

[23] ZHANG Y W, LIU J H, WU G, et al. Porous graphitic carbon nitride synthesized via direct polymerization of urea for efficient sunlight – driven photocatalytic hydrogen production [J]. Nanoscale, 2012, 4 (17): 5300 – 5303.

[24] BAI X J, YAN S C, WANG J J, et al. A simple and efficient strategy for the synthesis of a chemically tailored g – C_3N_4 material [J]. Journal of

Materials Chemistry A,2014,2(41):17521 – 17529.

[25] MONTIGAUD H, TANGUY B, DEMAZEAU G, et al. C_3N_4: dream or reality? Solvothermal synthesis as macroscopic samples of the C_3N_4 graphitic form [J]. Journal of Materials Science, 2000, 35 (10): 2547 – 2552.

[26] ZHANG Z H, LEINENWEBER K, BAUER M, et al. High – pressure bulk synthesis of crystalline $C_6N_9H_3 \cdot HCl$: a novel C_3N_4 graphitic derivative [J]. Journal of the American Chemical Society, 2001, 123 (32): 7788 – 7796.

[27] BAI X J, LI J, CAO C B. Synthesis of hollow carbon nitride microspheres by an electrodeposition method [J]. Applied Surface Science, 2010, 256 (8):2327 – 2331.

[28] ONG W J, TAN L L, NG Y H, et al. Graphitic carbon nitride $(g – C_3N_4)$ – based photocatalysts for artificial photosynthesis and environmental remediation: are we a step closer to achieving sustainability? [J]. Chemical Reviews,2016,116(12):7159 – 7329.

[29] DONG Y Q, WANG Q, WU H S, et al. Graphitic carbon nitride materials: sensing, imaging and therapy[J]. Small,2016,12 (39):5376 – 5393.

[30] ZHANG X D, XIE X, WANG H, et al. Enhanced photoresponsive ultrathin graphitic – phase C_3N_4 nanosheets for bioimaging [J]. Journal of the American Chemical Society,2013,135 (1):18 – 21.

[31] YAN S C, LI Z S, ZOU Z G. Photodegradation performance of $g – C_3N_4$ fabricated by directly heating melamine [J]. Langmuir, 2009, 25 (17): 10397 – 10401.

[32] YAN H J, CHEN Y, XU S M. Synthesis of graphitic carbon nitride by directly heating sulfuric acid treated melamine for enhanced photocatalytic H^2 production from water under visible light [J]. International Journal of Hydrogen Energy,2012,37 (1):125 – 133.

[33] DONG G H, ZHANG L Z. Porous structure dependent photoreactivity of

graphitic carbon nitride under visible light [J]. Journal of Materials Chemistry,2012,22 (3):1160 – 1166.

[34]ZHANG J S,ZHANG M W,ZHANG G G,et al. Synthesis of carbon nitride semiconductors in sulfur flux for water photoredox catalysis [J]. ACS Catalysis,2012,2 (6):940 – 948.

[35] HE F,CHEN G,ZHOU Y S,et al. The facile synthesis of mesoporous g – C_3N_4 with highly enhanced photocatalytic H_2 evolution performance [J]. Chemical Communications,2015,51 (90):16244 – 16246.

[36]YUAN Y W,ZHANG L L,XING J,et al. High – yield synthesis and optical properties of g – C_3N_4[J]. Nanoscale,2015,7 (29):12343 – 12350.

[37]NIU P,LIU G,CHENG H M. Nitrogen vacancy – promoted photocatalytic activity of graphitic carbon nitride[J]. The Journal of Physical Chemistry C,2012,116 (20):11013 – 11018.

[38] LIANG Q H,LI Z,HUANG Z H,et al. Holey graphitic carbon nitride nanosheets with carbon vacancies for highly improved photocatalytic hydrogen production[J]. Advanced Functional Materials,2015,25 (44): 6885 – 6892.

[39]QU B H,MU Z Y,LIU Y,et al. The synthesis of porous ultrathin graphitic carbon nitride for the ultrasensitive fluorescence detection of 2,4,6 – trinitrophenol in environmental water[J]. Environmental Science:Nano, 2020,7 (1):262 – 271.

[40] LI C,YANG X G,YANG B J,et al. Synthesis and characterization of nitrogen – rich graphitic carbon nitride [J]. Materials Chemistry and Physics,2007,103 (2 – 3):427 – 432.

[41]ZHANG Y H,PAN Q W,CHAI G Q,et al. Synthesis and luminescence mechanism of multicolor – emitting g – C_3N_4 nanopowders by low temperature thermal condensation of melamine [J]. Scientific Reports, 2013,3(1):1943.

[42]ZHANG X D,WANG H X,WANG H,et al. Single – layered graphitic –

C_3N_4 quantum dots for two – photon fluorescence imaging of cellular nucleus[J]. Advanced Materials,2014,26（26）:4438 – 4443.

[43]ZHOU Z X,SHANG Q W,SHEN Y F,et al. Chemically modulated carbon nitride nanosheets for highly selective electrochemiluminescent detection of multiple metal – ions ［J］. Analytical Chemistry, 2016, 88（11）: 6004 – 6010.

[44]WANG H,PU G Q,DEVARAMANI S,et al. Bimodal electrochemilumines-cence of G – CNQDs in the presence of double coreactants for ascorbic acid detection[J]. Analytical Chemistry,2018,90（7）:4871 – 4877.

[45]CHENG C M,HUANG Y,TIAN X Q,et al. Electrogenerated chemilumi-nescence behavior of graphite – like carbon nitride and its application in selective sensing Cu^{2+} ［J］. Analytical Chemistry, 2012, 84（11）: 4754 – 4759.

[46]CHEN L C,HUANG D J,REN S Y,et al. Preparation of graphite – like carbon nitride nanoflake film with strong fluorescent and electrochemilumi-nescent activity[J]. Nanoscale,2013,5（1）:225 – 230.

[47]CHENG H R,SUN W H,LU Y F,et al. Hot electrons in carbon nitride with ultralong lifetime and their application in reversible dynamic color displays[J]. Cell Reports Physical Science,2021,2(8):100516.

[48] HAN D, YANG H, ZHOU Z X, et al. Photoelectron storages in functionalized carbon nitrides for colorimetric sensing of oxygen[J]. ACS Sensors,2022,7(8):2328 – 2337.

[49]MAJDOUB M,ANFAR Z,AMEDLOUS A. Emerging chemical functional-ization of $g – C_3N_4$: covalent/noncovalent modifications and applications ［J］. ACS Nano,2020,14(10):12390 – 12469.

[50]CUI Y J,DING Z X,LIU P,et al. Metal – free activation of H_2O_2 by $g – C_3N_4$ under visible light irradiation for the degradation of organic pollu-tants ［J］. Physical Chemistry Chemical Physics, 2012, 14（4）: 1455 – 1462.

［51］LIU J,LIU Y,LIU N Y,et al. Metal – free efficient photocatalyst for stable visible water splitting via a two – electron pathway［J］. Science,2015,347 (6225):970 – 974.

［52］NIU P, YANG Y Q, YU J C, et al. Switching the selectivity of the photoreduction reaction of carbon dioxide by controlling the band structure of a g – C_3N_4 photocatalyst ［J］. Chemical Communications, 2014, 50 (74):10837 – 10840.

［53］WANG H, JIANG S L, CHEN S C, et al. Enhanced singlet oxygen generation in oxidized graphitic carbon nitride for organic synthesis［J］. Advanced Materials,2016,28 (32):6940 – 6945.

［54］QU B H,SUN J H,LI P,et al. Current advances on g – C_3N_4 – based fluorescence detection for environmental contaminants ［J］. Journal of Hazardous Materials,2022,425:127990.

［55］HAN D,NI D Y,ZHOU Q,et al. Harnessing photoluminescent properties of carbon nitride nanosheets in a hierarchical matrix ［J］. Advanced Functional Materials,2019,29 (49):1905576.

［56］LIU Y S,QU B H,LI Z J,et al. Improved fluorescence test of chromium (Ⅵ) in aqueous solution with g – C_3N_4 nanosheet and mechanisms［J］. Materials Research Bulletin,2019,112:9 – 15.

［57］YUN Y,LEI W,XU Y J,et al. Determination of trace uric acid in serum using porous graphitic carbon nitride (g – C_3N_4) as a fluorescent probe ［J］. Microchimica Acta,2018,185(1):39.

［58］TIAN J Q, LIU Q, ASIRI A M, et al. Ultrathin graphitic carbon nitride nanosheet:a highly efficient fluorosensor for rapid,ultrasensitive detection of Cu^{2+}［J］. Analytical Chemistry,2013,85(11):5595 – 5599.

［59］GUO X R,YUE G Q,HUANG J Z,et al. Label – free simultaneous analysis of Fe (Ⅲ) and ascorbic acid using fluorescence switching of ultrathin graphitic carbon nitride nanosheets ［J］. ACS Applied Materials & Interfaces,2018,10(31):26118 – 26127.

[60] BIAN W, ZHANG H, YU Q, et al. Detection of Ag^+ using graphite carbon nitride nanosheets based on fluorescence quenching [J]. Spectrochimica Acta Part A: Molecular and Biomolecular Spectroscopy, 2016, 169: 122 – 127.

[61] HATAMIE A, MARAHEL F, SHARIFAT A. Green synthesis of graphitic carbon nitride nanosheet ($g – C_3N_4$) and using it as a label – free fluorosensor for detection of metronidazole via quenching of the fluorescence [J]. Talanta, 2018, 176: 518 – 525.

[62] BOGIREDDY N K R, GODAVARTHI S, KESARLA M K, et al. Highly exfoliated $g – C_3N_4$ as turn OFF – ON (Ag^+/CN^-) optical sensor and the intermediate ($g – C_3N_4 @ Ag$) for catalytic hydrogenation [J]. Journal of Environmental Chemical Engineering, 2020, 8(6): 104579.

[63] WANG S, LU Q, YAN X, et al. "On – Off – On" fluorescence sensor based on $g – C_3N_4$ nanosheets for selective and sequential detection of Ag^+ and S^{2-} [J]. Talanta, 2017, 168: 168 – 173.

[64] ZHANG Z S, GAO Y, LI P, et al. Highly sensitive fluorescence detection of chloride ion in aqueous solution with Ag – modified porous $g – C_3N_4$ nanosheets [J]. Chinese Chemical Letters, 2020, 31(10): 2725 – 2729.

[65] CHEN J, MA Q, WANG C H, et al. A simple fluorescence sensor for the detection of nitrite (NO_2^-) in real samples using water – dispersible graphite – like carbon nitride ($w – g – C_3N_4$) nanomaterials [J]. New Journal of Chemistry, 2017, 41(15): 7171 – 7176.

[66] TI M R, LI Y S, LI Z Q, et al. A ratiometric nanoprobe based on carboxylated graphitic carbon nitride nanosheets and Eu^{3+} for the detection of tetracyclines [J]. Analyst, 2021, 146(3): 1065 – 1073.

[67] XIE H Z, BEI F, HOU J Y, et al. A highly sensitive dual – signaling assay via inner filter effect between $g – C_3N_4$ and gold nanoparticles for organophosphorus pesticides [J]. Sensors and Actuators B: Chemical, 2018, 255(2): 2232 – 2239.

[68] DUAN J L, ZHANG Y H, YIN Y B, et al. A novel "on – off – on" fluorescent sensor for 6 – thioguanine and Hg^{2+} based on g – C_3N_4 nanosheets [J]. Sensors and Actuators B: Chemical, 2018, 257 (3): 504 – 510.

[69] GUO X R, HUANG J Z, WANG M, et al. A dual – emission water – soluble g – C_3N_4 @ AuNCs – based fluorescent probe for label – free and sensitive analysis of trace amounts of ferrous (II) and copper (II) ions [J]. Sensors and Actuators B: Chemical, 2020, 309: 127766.

[70] CAI Z, CHEN J R, XING S S, et al. Highly fluorescent g – C_3N_4 nanobelts derived from bulk g – C_3N_4 for NO2 gas sensing [J]. Journal of Hazardous Materials, 2021, 416: 126195.

[71] LIAO X J, WANG Q B, JU H X. Simultaneous sensing of intracellular microRNAs with a multi – functionalized carbon nitride nanosheet probe [J]. Chemical Communications, 2014, 50(88): 13604 – 13607.

[72] XIE X L, WANG D P, GUO C X, et al. Single – atom ruthenium biomimetic enzyme for simultaneous electrochemical detection of dopamine and uric acid [J]. Analytical Chemistry, 2021, 93(11): 4916 – 4923.

[73] LIU J W, WANG Y M, ZHANG C H, et al. Tumor – targeted graphitic carbon nitride nanoassembly for activatable two – photon fluorescence imaging [J]. Analytical Chemistry, 2018, 90(7): 4649 – 4656.

[74] WANG N, FAN H, SUN J C, et al. Fluorine – doped carbon nitride quantum dots: ethylene glycol – assisted synthesis, fluorescent properties, and their application for bacterial imaging [J]. Carbon, 2016, 109: 141 – 148.

[75] LI S Q, WANG Z W, WANG X S, et al. Orientation controlled preparation of nanoporous carbon nitride fibers and related composite for gas sensing under ambient conditions [J]. Nano Research, 2017, 10(5): 1710 – 1719.

[76] CHEN A M, LIU R, PENG X, et al. 2D hybrid nanomaterials for selective detection of NO_2 and SO_2 using "light on and off" strategy [J]. ACS Applied

Materials & Interfaces,2017,9(42):37191 - 37200.

[77] GOVIND A,BHARATHI P,MATHANKUMAR G,et al. Enhanced charge transfer in 2D carbon – rich g – C_3N_4 nanosheets for highly sensitive NO_2 gas sensor applications [J]. Diamond and Related Materials, 2022, 128:109205.

[78] BASIVI P K,PASUPULETI K S,GELIJA D,et al. UV – light – enhanced room temperature NO_2 gas – sensing performances based on sulfur – doped graphitic carbon nitride nanoflakes[J]. New Journal of Chemistry,2022,46 (40):19254 - 19262.

[79] JI W T,YANG F,SUN J H,et al. Improved performance of g – C_3N_4 for optoelectronic detection of NO_2 gas by coupling metal – organic framework nanosheets with coordinatively unsaturated Ni(Ⅱ) sites[J]. ACS Applied Materials & Interfaces,2023,15(9):11961 - 11969.

[80] ELLIS J E,SORESCU D C,BURKERT S C,et al. Uncondensed graphitic carbon nitride on reduced graphene oxide for oxygen sensing via a photoredox mechanism[J]. ACS Applied Materials & Interfaces,2017,9 (32):27142 - 27151.

[81] XIAO M,LI Y W,ZHANG B,et al. Synthesis of g – C_3N_4 – decorated ZnO porous hollow microspheres for room – temperature detection of CH_4 under UV – light illumination[J]. Nanomaterials,2019,9(11):1507.

[82] LEE E Z,JUN Y S,Hong W H,et al. Cubic mesoporous graphitic carbon (Ⅳ) nitride:an all – in – one chemosensor for selective optical sensing of metal ions[J]. Angewandte Chemie International Edition,2010,49 (50): 9706 - 9710.

[83] ZHENG D D,HUANG C J,WANG X C. Post – annealing reinforced hollow carbon nitride nanospheres for hydrogen photosynthesis [J]. Nanoscale, 2015,7 (2):465 - 470.

[84] LI X H,ZHANG J S,CHEN X F,et al. Condensed graphitic carbon nitride nanorods by nanoconfinement: promotion of crystallinity on photocatalytic

conversion[J]. Chemistry of Materials,2011,23（19）:4344 –4348.

[85]ZHANG J S,ZHANG M W,YANG C,et al. Nanospherical carbon nitride frameworks with sharp edges accelerating charge collection and separation at a soft photocatalytic interface[J]. Advanced Materials,2014,26（24）: 4121 –4126.

[86]LIN Z Z,WANG X C. Nanostructure engineering and doping of conjugated carbon nitride semiconductors for hydrogen photosynthesis[J]. Angewandte Chemie International Edition,2013,52（6）:1735 –1738.

[87] CHOI C H, LIN L H, GIM S J, et al. Polymeric carbon nitride with localized aluminum coordination sites as a durable and efficient photocatalyst for visible light utilization[J]. ACS Catalysis,2018,8（5）: 4241 –4256.

[88] ZHOU J, YANG Y, ZHANG C Y. A low – temperature solid – phase method to synthesize highly fluorescent carbon nitride dots with tunable emission[J]. Chemical Communications,2013,49（77）:8605 –8607.

[89]TANG Y R,SU Y Y,YANG N,et al. Carbon nitride quantum dots:a novel chemiluminescence system for selective detection of free chlorine in water [J]. Analytical Chemistry,2014,86（9）:4528 –4535.

[90]LIANG Q H,LI Z,BAI Y,et al. Reduced – sized monolayer carbon nitride nanosheets for highly improved photoresponse for cell imaging and photocatalysis[J]. Science China Materials,2017,60(2):109 –118.

[91]ZHOU Z B,NIU X H,MA L,et al. Revealing the pH – dependent photolu-minescence mechanism of graphitic C_3N_4 quantum dots [J]. Advanced Theory and Simulations,2019,2(9):1900074.

[92]LIU W D,XU S M,GUAN S Y,et al. Confined synthesis of carbon nitride in a layered host matrix with unprecedented solid – state quantum yield and stability[J]. Advanced Materials,2018,30(2):1704376.

[93]ZHOU Z X,SHEN Y F,LI Y,et al. Chemical cleavage of layered carbon nitride with enhanced photoluminescent performances and photoconduction

[J]. ACS Nano,2015,9 (12):12480 – 12487.

[94]XIAO Y T,TIAN G H,LI W,et al. Molecule self – assembly synthesis of porous few – layer carbon nitride for highly efficient photoredox catalysis [J]. Journal of the American Chemical Society, 2019, 141 (6): 2508 – 2515.

[95]WANG W J,YU J C,SHEN Z R,et al. G – C_3N_4 quantum dots:direct synthesis, upconversion properties and photocatalytic application [J]. Chemical Communications,2014,50 (70):10148 – 10150.

[96]MARKUSHYNA Y,SCHÜßLBAUER C M,ULLRICH T,et al. Chromose-lective synthesis of sulfonyl chlorides and sulfonamides with potassium poly (heptazine imide) photocatalyst [J]. Angewandte Chemie International Edition,2021,60 (37):20543 – 20550.

[97]YAN C S,ZHU Y,FANG Z W,et al. Heterogeneous molten salt design strategy toward coupling cobalt – cobalt oxide and carbon for efficient energy conversion and storage [J]. Advanced Energy Materials,2018,8 (23):1800762.

[98]ZHANG G Q,ZHU J Y,XU Y S,et al. In – plane charge transport dominates the overall charge separation and photocatalytic activity in crystalline carbon nitride[J]. ACS Catalysis,2022,12(8):4648 – 4658.

[99]LU Y C,CHEN J,WANG A J,et al. Facile synthesis of oxygen and sulfur co – doped graphitic carbon nitride fluorescent quantum dots and their application for mercury（Ⅱ）detection and bioimaging [J]. Journal of Materials Chemistry C,2015,3(1):73 – 78.

[100]RONG M C,SONG X H,ZHAO T T,et al. Synthesis of highly fluorescent P,O – g – C_3N_4 nanodots for the label – free detection of Cu^{2+} and acetylcholinesterase activity[J]. Journal of Materials Chemistry C,2015,3 (41):10916 – 10924.

[101]WANG Q S,JI Y,ZHANG X,et al. Boosting the quantum yield of oxygen – doped g – C_3N_4 via a metal – azolate framework – enhanced

electron – donating strategy for highly sensitive sulfadimethoxine tracing [J]. Analytical Chemistry,2022,94(14):5682 – 5689.

[102]WU J,YANG S W,LI J P,et al. Electron injection of phosphorus doped g – C_3N_4 quantum dots: controllable photoluminescence emission wavelength in the whole visible light range with high quantum yield[J]. Advanced Optical Materials,2016,4(12):2095 – 2101.

[103]GU S Y,HSIEH C T,ASHRAF G Y,et al. Microwave growth and tunable photoluminescence of nitrogen – doped graphene and carbon nitride quantum dots [J]. Journal of Materials Chemistry C, 2019, 7 (18): 5468 – 5476.

[104]CUI Q L,XU J S,WANG X Y,et al. Phenyl – modified carbon nitride quantum dots with distinct photoluminescence behavior[J]. Angewandte Chemie – International Edition,2016,55(11):3672 – 3676.

[105]TANG W H,TIAN Y,CHEN B W,et al. Supramolecular copolymerization strategy for realizing the broadband white light luminescence based on N – deficient porous graphitic carbon nitride (g – C_3N_4) [J]. ACS Applied Materials & Interfaces,2020,12(5):6396 – 6406.

[106]ZHANG H J, ZHENG D W, CAI Z, et al. Graphitic carbon nitride nanomaterials for multicolor light – emitting diodes and bioimaging[J]. ACS Applied Nano Materials,2020,3(7):6798 – 6805.

[107]WANG X C,CHEN X F,THOMAS A, et al. Metal – containing carbon nitride compounds:a new functional organic – metal hybrid material[J]. Advanced Materials,2009,21(16):1609 – 1612.

[108]ZHANG Y,LIGTHART D A J M,QUEK X Y,et al. Influence of Rh nanoparticle size and composition on the photocatalytic water splitting performance of Rh/graphitic carbon nitride[J]. International Journal of Hydrogen Energy,2014,39(22):11537 – 11546.

[109]BASHARNAVAZ H,HABIBI – YANGJEH A,KAMALI S H. A first – principle investigation of NO_2 adsorption behavior on Co,Rh,and Ir –

embedded graphitic carbon nitride: looking for highly sensitive gas sensor [J]. Physics Letters A, 2020, 384(2): 126057.

[110] LEI G L, PAN H Y, MEI H S, et al. Emerging single atom catalysts in gas sensors[J]. Chemical Society Reviews, 2022, 51(16), 7260 – 7280.

[111] FU J W, XU Q L, LOW J X, et al. Ultrathin 2D/2D $WO_3/g - C_3N_4$ step – scheme H_2 – production photocatalyst[J]. Applied Catalysis B: Environmental, 2019, 243, 556 – 565.

[112] XU Q L, ZHANG L Y, CHENG B, et al. S – Scheme heterojunction photocatalyst[J]. Chem, 2020, 6(7): 1543 – 1559.

[113] WANG H T, BAI J H, DAI M, et al. Visible light activated excellent NO_2 sensing based on 2D/2D $ZnO/g - C_3N_4$ heterojunction composites[J]. Sensors and Actuators B: Chemical, 2020, 304: 127287.

[114] TIAN H L, FAN H Q, MA J W, et al. Pt – decorated zinc oxide nanorod arrays with graphitic carbon nitride nanosheets for highly efficient dual – functional gas sensing[J]. Journal of Hazardous Materials, 2018, 341: 102 – 111.

[115] HAN C H, LI X W, LIU Y, et al. Flexible all – inorganic room – temperature chemiresistors based on fibrous ceramic substrate and visible – light – powered semiconductor sensing layer[J]. Advanced Science, 2021, 8(23): 2102471.

[116] LIU Y Y, LIU J J, PAN Q J, et al. Metal – organic framework (MOF) derived In_2O_3 and $g - C_3N_4$ composite for superior NO_x gas – sensing performance at room temperature[J]. Sensors and Actuators B: Chemical, 2022, 352: 131001.

[117] YANG F, JI W T, SUN J H, et al. Synthesis of $SnO_2/rGO/g - C_3N_4$ composite nanomaterials with efficient charge transfer for sensitive optoelectronic detection of NO_2 gas [J]. Materials Research Bulletin, 2022, 153, 111894.

[118] XU J S, SHALOM M. Conjugated carbon nitride as an emerging

luminescent material: quantum dots, thin films and their applications in imaging, sensing, optoelectronics devices and photoelectrochemistry[J]. ChemPhotoChem,2019,3(4):170－179.

[119] INAGAKI M, TSUMURA T, KINUMOTO T, et al. Graphitic carbon nitrides ($g - C_3N_4$) with comparative discussion to carbon materials[J]. Carbon,2019,141:580－607.

[120] MA J N,MIAO T J,TANG J W. Charge carrier dynamics and reaction intermediates in heterogeneous photocatalysis by time － resolved spectroscopies[J]. Chemical Society Reviews, 2022, 51 (14): 5777－5794.

[121] LIN Q Y,LI L,LIANG S J,et al. Efficient synthesis of monolayer carbon nitride 2D nanosheet with tunable concentration and enhanced visible － light photocatalytic activities[J]. Applied Catalysis B: Environmental, 2015,163:135－142.

[122] LI Y F,JIN R X,XING Y,et al. Macroscopic foam － like holey ultrathin $g - C_3N_4$ nanosheets for drastic improvement of visible － light photocatalytic activity[J]. Advanced Energy Materials,2016,6(24):1601273.

[123] XING W N,TU W G,HAN Z H,et al. Template － induced high － crystalline $g - C_3N_4$ nanosheets for enhanced photocatalytic H_2 evolution [J]. ACS Energy Letters,2018,3(3):514－519.

[124] VILLALOBOS L F, VAHDAT M T, DAKHCHOUNE M, et al. Large － scale synthesis of crystalline $g - C_3N_4$ nanosheets and high － temperature H_2 sieving from assembled films [J]. Science Advances, 2020, 6 (4):9851.

[125] ZHU Q B,XUAN Y M,ZHANG K,et al. Enhancing photocatalytic CO_2 reduction performance of $g - C_3N_4$ － based catalysts with non － noble plasmonic nanoparticles[J]. Applied Catalysis B: Environmental,2021, 297:120440.

[126] CHEN J Q, ZHENG Q Q, XIAO S J, et al. Construction of two －

dimensional fluorescent covalent organic framework nanosheets for the detection and removal of nitrophenols[J]. Analytical Chemistry,2022,94 (5):2517 –2526.

[127] LIU X C,HAN Y X,WANG G X,et al. Kadsura – shaped covalent – organic framework nanostructures for the sensitive detection and removal of 2,4,6 – trinitrophenol[J]. ACS Applied Nano Materials,2022,5(5): 6422 –6429.

[128] RONG M C,LIN L P,SONG X H,et al. A label – free fluorescence sensing approach for selective and sensitive detection of 2,4,6 – trinitrophenol(TNP) in aqueous solution using graphitic carbon nitride nanosheets[J]. Analytical Chemistry,2015,87(2):1288 –1296.

[129] LIU Y,SUN J H,HUANG H H,et al. Improving CO_2 photoconversion with ionic liquid and Co single atoms[J]. Nature Communications,2023, 14(1):1457.

[130] ZHAO L N,BIAN J,ZHANG X F,et al. Construction of ultrathin S – scheme heterojunctions of single Ni atom – immobilized Ti – MOF and $BiVO_4$ for CO_2 photoconversion of nearly 100% to CO by pure water[J]. Advanced Materials,2022,34(41):2205303.

[131] WANG Y Y,QU Y,QU B H,et al. Construction of six – oxygen – coordinated single Ni sites on g – C_3N_4 with boron – oxo species for photocatalytic water – activation – induced CO_2 reduction[J]. Advanced Materials,2021,33(48):2105482.

[132] ZHOU L H,CHANG X,ZHENG W,et al. Single atom Rh – sensitized SnO_2 via atomic layer deposition for efficient formaldehyde detection[J]. Chemical Engineering Journal,2023,475:146300.

[133] LIU B Q,ZHU Q,PAN Y H,et al. Single – atom tailoring of two – dimensional atomic crystals enables highly efficient detection and pattern recognition of chemical vapors [J]. ACS Sensors, 2022, 7 (5): 1533 –1543.

[134] SUN X J, CHEN C, XIONG C, et al. Surface modification of MoS_2 nanosheets by single Ni atom for ultrasensitive dopamine detection[J]. Nano Research, 2023, 16(1):917 − 924.

[135] LIU L Y, MAO C L, FU H Y, et al. ZnO nanorod − immobilized Pt single − atoms as an ultrasensitive sensor for triethylamine detection[J]. ACS Applied Materials & Interfaces, 2023, 15(13):16654 − 16663.

[136] WAN Y Q, HUA Y, LIU M, et al. Highly selective electroanalysis for chloride ions by conductance signal outputs of solid − state AgCl electrochemistry using silver − melamine nanowires[J]. Sensors and Actuators B: Chemical, 2019, 300:127058.

[137] FAN C W, REINFELDER J R. Phenanthrene accumulation kinetics in marine diatoms[J]. Environmental Science & Technology, 2003, 37(15):3405 − 3412.

[138] ZHANG Y, ZHANG L F, HUANG Z P, et al. Pollution of polycyclic aromatic hydrocarbons (PAHs) in drinking water of China: composition, distribution and influencing factors[J]. Ecotoxicology and Environmental Safety, 2019, 177:108 − 116.

[139] QU B H, LI P, BAI L L, et al. Atomically dispersed Zn − N_5 sites immobilized on g − C_3N_4 nanosheets for ultrasensitive selective detection of phenanthrene by dual ratiometric fluorescence[J]. Advanced Materials, 2023, 35(15), 2211575.

[140] ZHENG W, LIU X H, XIE J Y, et al. Emerging van der Waals junctions based on TMDs materials for advanced gas sensors[J]. Coordination Chemistry Reviews, 2021, 447:214151.

[141] ZHANG J, LIU X H, NERI G, et al. Nanostructured materials for room − temperature gas sensors[J]. Advanced Materials, 2016, 28(5):795 − 831.

[142] YANG Y R, GAO W. Wearable and flexible electronics for continuous molecular monitoring[J]. Chemical Society Reviews, 2019, 48(6):

1465 – 1491.

[143] BROZA Y Y, VISHINKIN R, BARASH O, et al. Synergy between nanomaterials and volatile organic compounds for non – invasive medical evaluation[J]. Chemical Society Reviews,2018,47(13):4781 – 4859.

[144] RIGHETTONI M, AMANN A, PRATSINIS S E. Breath analysis by nanostructured metal oxides as chemo – resistive gas sensors [J]. Materialstoday,2015,18(3):163 – 171.

[145] WANG Z Y,GAO S,FEI T,et al. Construction of ZnO/SnO$_2$ heterostructure on reduced graphene oxide for enhanced nitrogen dioxide sensitive performances at room temperature [J]. ACS Sensors, 2019, 4 (8): 2048 – 2057.

[146] BAG A, LEE N E. Gas sensing with heterostructures based on two – dimensional nanostructured materials:a review[J]. Journal of Materials Chemistry C,2019,7(43):13367 – 13383.

[147] BOUKHACHEM A, BOUZIDI C, BOUGHALMI R, et al. Physical investigations on MoO$_3$ sprayed thin film for selective sensitivity applications[J]. Ceramics International,2014,40(8):13427 – 13435.

[148] SRINIVASAN P, RAYAPPAN J B B. Growth of eshelby twisted ZnO nanowires through nanoflakes & nanoflowers:a room temperature ammonia sensor[J]. Sensors and Actuators B:Chemical,2018,277(12):129 – 143.

[149] LI B L,ZHOU Q,PENG S D,et al. Recent advances of SnO$_2$ – based sensors for detecting volatile organic compounds[J]. Frontiers in Chemistry, 2020,8:321.

[150] MOUNASAMY V, MANI G K, PONNUSAMY D, et al. Investigation on CH$_4$ sensing characteristics of hierarchical V$_2$O$_5$ nanoflowers operated at relatively low temperature using chemiresistive approach [J]. Analytica Chimica Acta,2020,1106:148 – 160.

[151] SRINIVASAN P,SAMANTA S,KRISHNAKUMAR A,et al. Insights into

g – C₃N₄ as a chemi – resistive gas sensor for VOCs and humidity – a review of the state of the art and recent advancements[J]. Journal of Materials Chemistry A,2021,9(17):10612 – 10651.

[152] ZHANG L Y, ZHANG J J, YU H G, et al. Emerging s – scheme photocatalyst[J]. Advanced Materials,2022,34(11):2107668.

[153] ATKINSON R W, BUTLAND B K, ANDERSON H R, et al. Long – term concentrations of nitrogen dioxide and mortality: a meta – analysis of cohort studies[J]. Epidemiology,2018,29 (4):460 – 472.

[154] JI S L, WANG X J, LIU C F, et al. Controllable organic nanofiber network crystal room temperature NO_2 sensor[J]. Organic Electronics,2013,14 (3):821 – 826.

[155] BANG J H, CHOI M S, MIRZAEI A, et al. Selective NO_2 sensor based on Bi_2O_3 branched SnO_2 nanowires[J]. Sensors and Actuators B:Chemical, 2018,274:356 – 369.

[156] ROSO S, DEGLER D, LLOBET E, et al. Temperature – dependent NO_2 sensing mechanisms over indium oxide[J]. ACS Sensors,2017,2 (9): 1272 – 1277.

[157] XIE J Y, LIU X H, JING S L, et al. Chemical and electronic modulation via atomic layer deposition of NiO on porous In_2O_3 films to boost NO_2 detection[J]. ACS Applied Materials & Interfaces, 2021, 13 (33): 39621 – 39632.

[158] HAN W X, HE H X, ZHANG L L, et al. A self – powered wearable noninvasive electronic – skin for perspiration analysis based on piezobiosensing unit matrix of enzyme/ZnO nanoarrays[J]. ACS Applied Materials & Interfaces,2017,9 (35):29526 – 29537.

[159] LIU J J, FU W, LIAO Y L, et al. Recent advances in crystalline carbon nitride for photocatalysis[J]. Journal of Materials Science & Technology, 2021,91:224 – 240.

[160] YUAN J L, TANG Y H, YI X Y, et al. Crystallization, cyanamide defect

and ion induction of carbon nitride: exciton polarization dissociation, charge transfer and surface electron density for enhanced hydrogen evolution[J]. Applied Catalysis B: Environmental, 2019, 251: 206 – 212.

[161] WANG D Y, ZHANG D Z, PAN Q N, et al. Gas sensing performance of carbon monoxide sensor based on rodshaped tin diselenide/MOFs derived zinc oxide polyhedron at room temperature[J]. Sensors and Actuators B: Chemical, 2022, 371: 132481.

[162] ZHAO M T, WANG Y X, MA Q L, et al. Ultrathin 2D metal – organic framework nanosheets [J]. Advanced Materials, 2015, 27 (45): 7372 – 7378.

[163] ZHU B C, CHENG B, FAN J J, et al. G – C_3N_4 – based 2D/2D composite heterojunction photocatalyst [J]. Small Structures, 2021, 2 (12): 2100086.

[164] MENG Z, AYKANAT A, MIRICA K A. Welding metallophthalocyanines into bimetallic molecular meshes for ultrasensitive, low – power chemiresistive detection of gases[J]. Journal of the American Chemical Society, 2019, 141 (5): 2046 – 2053.

[165] SHANG S S, YANG C, WANG C G, et al. Transition – metal – containing porphyrin Metal – Organic Frameworks as π – backbonding adsorbents for NO_2 removal [J]. Angewandte Chemie International Edition, 2020, 59 (44): 19680 – 19683.

[166] SUN Q, HAO J Y, ZHENG S L, et al. 2D/2D heterojunction of g – C_3N_4/ SnS_2: room – temperature sensing material for ultrasensitive and rapid – recoverable NO_2 detection[J]. Nanotechnology, 2020, 31(42): 425502.

[167] HAN C H, LI X W, LIU J, et al. In_2O_3/g – C_3N_4/Au ternary heterojunction – integrated surface plasmonic and charge – separated effects for room – temperature ultrasensitive NO_2 detection[J]. Sensors and Actuators B: Chemical, 2022, 371: 132448.

[168] ZHENG W, YANG C, LI Z S, et al. Indium selenide nanosheets for

photoelectrical NO_2 sensor with ultra sensitivity and full recovery at room temperature[J]. Sensors and Actuators B:Chemical,2021,329:129127.

[169]GENG X,LAHEM D,ZHANG C,et al. Visible light enhanced black NiO sensors for ppb - level NO_2 detection at room temperature[J]. Ceramics International,2019,45(4):4253 - 4261.

[170]WANG H T, DAI M, LI Y Y, et al. The influence of different ZnO nanostructures on NO_2 sensing performance[J]. Sensors and Actuators B:Chemical,2021,329:129145.

[171]ZHENG W, XU Y S, ZHENG L L, et al. MoS_2 Van der Waals p - n junctions enabling highly selective room - temperature NO_2 sensor[J]. Advanced Functional Materials,2020,30(19):2000435.

[172]EOM T H, CHO S H, SUH J M, et al. Substantially improved room temperature NO_2 sensing in 2 - dimensional SnS_2 nanoflowers enabled by visible light illumination[J]. Journal of Materials Chemistry A,2021,9(18):11168 - 11178.

[173]NIU Y, ZENG J W, LIU X C, et al. A photovoltaic self - powered gas sensor based on all - dry transferred MoS_2/GaSe heterojunction for ppb - level NO_2 sensing at room temperature[J]. Advanced Science,2021,8(14):2100472.

[174]ARUL C,MOULAEE K,DONATO N,et al. Temperature modulated Cu - MOF based gas sensor with dual selectivity to acetone and NO_2 at low operating temperatures[J]. Sensors and Actuators B:Chemical,2021,329:129053.

[175]HU J Y,LIU X,ZHANG J W,et al. Plasmon - activated NO_2 sensor based on Au@ MoS_2 core - shell nanoparticles with heightened sensitivity and full recoverability [J]. Sensors and Actuators B:Chemical,2023,382:133505.

[176]RAO N V, SAIRAM P K, KIM M D, et al. CdS/TiO_2 nano hybrid heterostructured materials for superior hydrogen production and gas sensor

applications [J]. Journal of Environmental Management, 2023, 340,117895.

[177] JI S L, WANG H B, WANG T, et al. A high-performance room-temperature NO_2 sensor based on an ultrathin heterojunction film[J]. Advanced Materials,2013,25(12):1755-1760.

[178] WANG Z, HUANG L Z, ZHU X F, et al. An ultrasensitive organic semiconductor NO_2 sensor based on crystalline tips-pentacene films[J]. Advanced Materials,2017,29(38):1703192.

[179] KOO W T, KIM S J, JANG J S, et al. Catalytic metal nanoparticles embedded in conductive metal-organic frameworks for chemiresistors: highly active and conductive porous materials[J]. Advanced Science, 2019,6(21):1900250.

[180] PARK C, KOO W T, CHONG S, et al. Confinement of ultrasmall bimetallic nanoparticles in conductive metal-organic frameworks via site-specific nucleation [J]. Advanced Materials, 2021, 33 (38):2170302.

[181] YUE Y, CAI P Y, XU X Y, et al. Conductive metallophthalocyanine framework films with high carrier mobility as efficient chemiresistors[J]. Angewandte Chemie International Edition, 2021, 60 (19): 10806-10813.

[182] KHAN M W, SADIQ M M, GOPALSAMY K, et al. Hetero-metallic metal-organic frameworks for room-temperature NO_2 sensing [J]. Journal of Colloid and Interface Science,2022,610:304-312.

[183] LIM H, KWON H, KANG H, et al. Semiconducting MOFs on ultraviolet laser-induced graphene with a hierarchical pore architecture for NO_2 monitoring[J]. Nature Communications,2023,14(1):3114.

[184] LI H Z, PAN Y, LI Q H, et al. Rationally designed titanium-based metal-organic frameworks for visible-light activated chemiresistive sensing[J]. Journal of Materials Chemistry A,2023,11(2):965-971.

[185]JO Y M, LIM K, YOON J W, et al. Visible – light – activated type Ⅱ heterojunction in Cu_3 (hexahydroxytriphenylene)$_2$/Fe_2O_3 hybrids for reversible NO_2 sensing: critical role of $\pi - \pi *$ transition [J]. ACS Central Science, 2021, 7 (7): 1176 – 1182.

[186]BAI Y H, ZHENG Y J, WANG Z, et al. Metal – doped carbon nitrides: synthesis, structure and applications [J]. New Journal of Chemistry, 2021, 45 (27), 11876 – 11892.

[187] THOMAS A, FISCHER A, GOETTMANN F, et al. Graphitic carbon nitride materials: variation of structure and morphology and their use as metal – free catalysts [J]. Journal of Materials Chemistry, 2008, 18 (41), 4893 – 4908.

[188] DEIFALLAH M, MCMILLAN P F, CORÀ F. Electronic and structural properties of two – dimensional carbon nitride graphenes [J]. The Journal of Physical Chemistry C, 2008, 112 (14): 5447 – 5453.

[189]LI H, WANG L Z, LIU Y D, et al. Mesoporous graphitic carbon nitride materials: synthesis and modifications. [J]. Research on Chemical Intermediates, 2016, 42 (5): 3979 – 3998.

[190] GOGLIO G, FOY D, DEMAZEAU G. State of Art and recent trends in bulk carbon nitrides synthesis [J]. Materials Science and Engineering: R: Reports, 2008, 58 (6), 195 – 227.

[191]PATRA P C, MOHAPATRA Y N. Exfoliated and evaporated thin films of graphitic carbon nitride (g – C_3N_4): evolution of photoelectronic properties from bulk [J]. Materials Letters, 2021, 302: 130374.

[192]SHAN Y, WANG Y, SHI C G, et al. Relaxation of excited electrons on carbon nitrides investigated by electrochemiluminescence and photo – luminescence spectra [J]. The Journal of Physical Chemistry C, 2020, 124 (35): 19314 – 19323.

[193] GUO Q Y, ZHANG Y H, QIU J R, et al. Engineering the electronic structure and optical properties of g – C_3N_4 by non – metal ion doping

[J]. Journal of Materials Chemistry C,2016,4(28):6839 – 6847.

[194] TIAN Y, TANG W H, XIONG H, et al. Luminescence and structure regulation of graphitic carbon nitride by electron rich P ions doping[J]. Journal of Luminescence,2020,228:117616.

[195] YANG B, BU H X, LIU X B. Tunable electron property induced by B – doping in g – C_3N_4[J]. RSC advances,2021,11(26),15695 – 15700.

[196] MUBEEN M, DESHMUKH K, PESHWE D R, et al. Alteration of the electronic structure and the optical properties of graphitic carbon nitride by metal ion doping [J]. Spectrochimica Acta Part A: Molecular and Biomolecular Spectroscopy,2019,207:301 – 306.

[197] JING J P, CHEN Z Y, FENG C. Dramatically enhanced photoelectro – chemical properties and transformed p/n type of g – C_3N_4 caused by K and I co – doping[J]. Electrochimica Acta,2019,297:488 – 496.

[198] LI B, ZHANG J, LUO Z Y, et al. Amorphous B – doped graphitic carbon nitride quantum dots with high photoluminescence quantum yield of near 90% and their sensitive detection of Fe^{2+}/Cd^{2+} [J]. Science China Materials,2021,64(12):3037 – 3050.

[199] ZHAI H H, TAN P F, JIANG M, et al. Electronic regulation of Pt single – atom catalysts via local coordination state adjustment for enhanced photocatalytic performance [J]. ACS Catalysis, 2023, 13 (12): 8063 – 8072.

[200] LU J T, CAO Y D, FAN H, et al. A color – tunable luminescent material with functionalized graphitic carbon nitride as multifunctional supports [J]. Journal of Solid State Chemistry,2015,232(15):1 – 7.

[201] XU J S, SHALOM M, PIERSIMONI F, et al. Color – tunable photo-luminescence and NIR electroluminescence in carbon nitride thin films and light – emitting diodes[J]. Advanced Optical Materials,2015,3(7): 913 – 917.

[202] URBACH F. The long – wavelength edge of photographic sensitivity and

of the electronic absorption of solids [J]. Physical Review, 1953, 92:1324.

[203] CHEN T X, CHEN C C, LIU Q, et al. A one – step process for preparing a phenyl – modified g – C_3N_4 green phosphor with a high quantum yield [J]. RSC Advances, 2017, 7(81):51702 – 51710.

[204] SONG Z P, LI Z H, LIN L H, et al. Phenyl – doped graphitic carbon nitride: photoluminescence mechanism and latent fingerprint imaging[J]. Nanoscale, 2017, 9(45):17737 – 17742.

[205] PORCU S, ROPPOLO I, SALAUN M, et al. Come to light: detailed analysis of thermally treated phenyl modified carbon nitride polymorphs for bright phosphors in lighting applications [J]. Applied Surface Science, 2020, 504:144330.

[206] MENG P, HAN C H, SCULLY A D, et al. Unconventional, gram – scale synthesis of a molecular dimer organic luminogen with aggregation – induced emission [J]. ACS Applied Materials & Interfaces, 2021, 13 (34):40441 – 40450.

[207] SONG Z P, FANG Z P, CHEN J R, et al. Highly fluorescent carbon nitride oligomer with aggregation – induced emission characteristic for plastic staining[J]. Spectrochimica Acta Part A: Molecular and Biomolecular Spectroscopy, 2022, 276:121238.

[208] TANG H J, CHEN Q H, LU S Y, et al. Naphthyl – modified graphitic carbon nitride: preparation and application in light – emitting diodes[J]. Journal of Luminescence, 2022, 244:118734.

[209] HE X C, GU Y X, AI S C, et al. Electron – rich heterocycle induced tunable emitting fluorescence of graphitic carbon nitride quantum dots [J]. Applied Surface Science, 2018, 462(1):303 – 309.

[210] WANG Y, CAO J L, QIN C, et al. Synthesis and enhanced ethanol gas sensing properties of the g – C_3N_4 nanosheets – decorated tin oxide flower – like nanorods composite[J]. Nanomaterials, 2017, 7(10):285.

[211] PASUPULETI K S, REDDEPPA M, CHOUGULE S S, et al. High

performance langasite based SAW NO_2 gas sensor using 2D $g - C_3N_4$ @ TiO_2 hybrid nanocomposite [J]. Journal of Hazardous Materials, 2022, 427:128174.

[212] DONG X J, WU K L, ZHU W F, et al. TiO_2 nanotubes/$g - C_3N_4$ quantum dots/rGO Schottky heterojunction nanocomposites as sensors for ppb - level detection of NO_2 [J]. Journal of Materials Science, 2019, 54 (10): 7834 - 7849.

[213] LI X, YUAN Y J, PAN X M, et al. Boosted photoelectrochemical immuno-sensing of metronidazole in tablet using coral - like $g - C_3N_4$ nanoarchitectures [J]. Biosensors & Bioelectronics, 2019, 123:7 - 13.

[214] LI X J, LI Y W, SUN G, et al. Synthesis of a flower - like $g - C_3N_4$/ZnO hierarchical structure with improved CH_4 sensing properties [J]. Nanomaterials, 2019, 9 (5) :724.

[215] LUAN X Y, WANG C G, WANG C S, et al. Stable lithium deposition enabled by an acid - treated $g - C_3N_4$ interface layer for a lithium metal anode [J]. ACS Applied Materials & Interfaces, 2020, 12 (9): 11265 - 11272.

[216] VERMA S, BAIG R B N, NADAGOUDA M N, et al. Photocatalytic C—H activation and oxidative esterification using Pd@ $g - C_3N_4$ [J]. Catalysis Today, 2018, 309 :248 - 252.

[217] LI H J, ZHAO J L, GENG Y, et al. Construction of CoP/B doped $g - C_3N_4$ nanodots/$g - C_3N_4$ nanosheets ternary catalysts for enhanced photocatalytic hydrogen production performance [J]. Applied Surface Science, 2019, 496:143738.

[218] LIU G M, DONG G H, ZENG Y B, et al. The photocatalytic performance and active sites of $g - C_3N_4$ effected by the coordination doping of Fe (III) [J]. Chinese Journal of Catalysis, 2020, 41 (10) :1564 - 1572.

[219] LIU Z X, GUO W M, LIU X M, et al. Study on photoelectric properties of Fe - Co codoped $g - C_3N_4$ [J]. Chemical Physics Letters, 2021, 781:138951.